高等学校计算机应用规划教材

C语言程序设计学习指导与实验教程

(第四版)

高　禹　主　编

许瑞斌　许戈静　何天兰　张梅娇　副主编

清华大学出版社

北　京

内 容 简 介

本书是与教材《C 语言程序设计(第四版)》相配套的学习指导与实验用书，内容主要包括 C 语言程序设计学习指导和 C 语言程序设计实验教程两部分。在学习指导部分，介绍了 C 语言各章知识的要点和难点，选择了一些典型例题进行分析，选编了许多练习题。这些习题题型丰富、覆盖面广，包括选择题、填空题、阅读程序写结果题、编写程序题，并且每道题基本上都给出了参考答案。通过这些练习题，可以训练读者理解和掌握 C 语言的基本概念与基本语句，编写程序、学习编程的方法和技巧。在实验教程部分，介绍了 C 语言开发工具 C-Free 的使用方法；介绍了 11 个实验内容，为读者在计算机上进行程序的编辑、调试和运行进行详细的指导。对于每个实验，列出了实验目的、实验知识内容提要、实验的具体内容以及实验完成后的思考问题。通过这些实验，提高读者的实际动手能力。

本书条理清楚、语言流畅、通俗易懂、实用性强，既可以作为高等院校应用型本科专业学生的教材，也可以供自学者以及参加 C 语言计算机等级考试者阅读使用。

图书在版编目(CIP)数据

C 语言程序设计学习指导与实验教程 / 高禹 主编. —4 版. —北京：清华大学出版社，2018（2019. 8重印）
(高等学校计算机应用规划教材)
ISBN 978-7-302-49470-6

Ⅰ. ①C… Ⅱ. ①高… Ⅲ. ①C 语言－程序设计－高等学校－教学参考资料 Ⅳ. ①TP312.8

中国版本图书馆 CIP 数据核字(2018)第 017659 号

责任编辑：胡辰浩　袁建华
装帧设计：孔祥峰
责任校对：成凤进
责任印制：杨　艳

出版发行：清华大学出版社
网　　址：http://www.tup.com.cn，http://www.wqbook.com
地　　址：北京清华大学学研大厦 A 座　　邮　　编：100084
社 总 机：010-62770175　　邮　　购：010-62786544
投稿与读者服务：010-62776969, c-service@tup.tsinghua.edu.cn
质 量 反 馈：010-62772015, zhiliang@tup.tsinghua.edu.cn
印 刷 者：北京富博印刷有限公司
装 订 者：北京市密云县京文制本装订厂
经　　销：全国新华书店
开　　本：185mm×260mm　　印　　张：16　　字　　数：369 千字
版　　次：2011 年 1 月第 1 版　2018 年 2 月第 4 版　　印　　次：2019 年 8 月第 3 次印刷
定　　价：56. 00元

产品编号：078879-02

前　言

C 语言是广泛使用的一种计算机语言，因为它具有功能丰富、灵活性强、可移植性好、语言简洁、应用面广等特性，所以深受广大用户的喜爱。

初学 C 语言的人，可能感觉学起来比较吃力，具体表现为：感觉 C 语言的概念不好理解，感觉 C 语言的语句和语法不容易正确使用，感觉设计编写程序不知如何下手，感觉综合运用 C 语言知识处理实际问题很困难。有鉴于此，为了帮助读者学好 C 语言，顺利通过各级各类相关考试，并能熟练将其运用于实际工作，我们组织长期从事 C 语言教学工作的教师，编写了这本《C 语言程序设计学习指导与实验教程(第四版)》。

本书分为两方面内容，一方面是为读者提供 C 语言的学习指导，另一方面是 C 语言的实验教程。在学习指导部分，对 C 语言各章知识的要点和难点进行了整理归纳和深入分析，以使读者明确各章应该着重掌握的知识和深入理解的问题。在学习指导部分，选择了一些典型例题进行分析，以使读者理解各章知识，学会灵活运用各章知识。在学习指导部分，选编了相应练习题，每道题基本上都给出了参考答案。这些练习题既可以训练读者去理解和掌握 C 语言的基本概念与基本语句，又可以训练读者编写程序、学习编程的方法和技巧。对于每一道编写程序题，本书只给出了一种参考答案，因为每个问题一般都有多种编程方法，所以读者不要受参考答案的限制。在实验教程部分，介绍了 C 语言开发软件系统 C-Free 的使用方法；根据 C 语言的教学内容，本书设计了 11 个上机练习实验，为读者在计算机上进行程序的编辑、运行和调试进行详细的指导。在实验教程部分，对于每个实验，本书均列出了该实验要达到的目的、该实验所涉及的 C 语言知识要点、该实验要做的具体内容以及实验完成后的思考问题。认真完成这些实验，能够极大地提高读者的编程能力。

除主编和副主编外，参加本书编写工作的还有杨秀菊、付长凤、杨岚、吴宗波、林玉梅、林博艺、苏乐辉、苏延平、郭新华、黄丽凤、王广伟、李鑫、毕振波、郑芸、张建科、张威、张艳艳、侯志凌、黄海峰和管林挺等人。感谢参加编写工作的泉州信息工程学院的老师。

由于编者水平有限，书中难免存在错误与不足之处，欢迎广大读者批评指正。我们的邮箱是 huchenhao@263.net，电话是 010-62796045。

编　者

2018 年 1 月

目　　录

第 2 篇　C 语言程序设计实验教程

第1篇 C语言程序设计学习指导

第1章 C语言概述

1.1 本 章 要 点

1.1.1 C 语言的特点

(1) 语言简洁、紧凑，使用方便、灵活，运算符和数据结构丰富。

(2) 允许直接访问物理地址，能够进行位操作，可实现汇编语言的大部分功能，可以直接对硬件进行操作。

(3) 具有结构化的控制语句，是结构化的理想语言。

(4) 语法限制不太严格，程序设计自由度大。

(5) 编写的程序可移植性好。

(6) 生成目标代码质量好，程序执行效率高。

1.1.2 C 语言程序的结构

(1) 一个源程序由若干个函数组成，其中有且仅有一个主函数(main 函数)。

(2) 一个函数由函数首部(函数第一行)和函数体(函数首部后面大括号内的部分)组成。函数首部包括函数类型、函数名和括号中的若干个参数；函数体由声明部分和执行部分组成。

(3) 程序书写格式自由，一行内可写多条语句，一条语句也可以分写在多行上，且语句中的空格和回车符均可忽略不计。

(4) 程序的注释内容放在/*和*/之间，/和*之间不允许有空格；注释部分允许出现在程序中的任何位置。

1.1.3 C 语言源程序的编辑、编译、链接和运行

使用 Visual C++、C-Free 或 Turbo C 编写好 C 语言源程序，经过编译、链接生成可执行

文件，然后运行即可。

1.2　习　　题

1. 简述 C 语言源程序的结构特点。

2. 写出一个 C 语言源程序的构成。

3. 编写完成如下任务的程序，然后上机编译、链接并运行。

输出两行字符，第 1 行是“The computer is our good friends!”，第 2 行是“We learn C language.”。

4. 编写完成如下任务的程序，然后上机编译、链接并运行。

已知 a=10、b=5，计算 a+b、a–b 的值，输出计算结果。

1.3　习题参考答案

1. (略)

2. (略)

3.

```
main()
{printf("The computer is our good friends!\n");
 printf("We learn C language.\n");
 return 0;
}
```

4.

```
main()
{int a=10,b=5,c,d;
 c=a+b; d=a-b;
 printf("a+b=%d,a-b=%d \n",c,d);
 return 0;
}
```

第2章　数据类型、运算符和表达式

2.1　本 章 要 点

2.1.1　C 语言的数据类型

C 语言提供了丰富的数据类型，通过这些数据类型可以实现如链表、栈等复杂数据结构的编写。程序中的每一个量(包括常量和变量)都属于某一个特定的数据类型。

2.1.2　标识符

所谓标识符就是指在程序中用于标识函数、变量以及常量且符合一定命名规则的字符串。C 语言标识符可以包括一个或多个字符，字符可以是英文字母、数字或下画线，但第一个字符必须是字母或下画线。

特别提醒：C 语言标识符区分字母大小写；标识符命名不宜过长，最好有明确的含义。

2.1.3　常量

常量是在程序运行过程中其值不可被改变的量。注意：常量是不可改变，而不是不改变，不改变的量不一定就是常量。常量的类型包括整型常量、实型常量、字符常量、字符串常量和符号常量这 5 类，下面分别予以介绍。

1. 整型常量

整型常量有 3 种形式，分别为十进制整型常量、八进制整型常量和十六进制整型常量。

特别提醒：

八进制数以数字 0 开头，十六进制数以 0x 开头，第一位都不是字母 o，以字母 o 开头不是常量的写法，这需要初学者特别注意。

2. 实型常量

实型常量有两种表示形式，分别为小数形式和指数形式。

3. 字符常量

一个字符常量代表 ASCII 字符集中的一个字符，在程序中用单引号(')引起来。

特别提醒：

'a'和'A'是两个不同的字符常量；除了这类可打印字符使用的格式以外，对于一些特殊的字符常量，采用转义字符的方式表示，应特别注意转义字符的 3 种构成方式。

4. 字符串常量

字符串常量指的是用双引号引起来的一个或多个字符。

5. 符号常量

符号常量是使用宏定义#define 来定义的常量，即用一个标识符代表一个常量，程序中出现的该标识符，等同于使用定义时所用到的常量。符号常量可以是上述各常量的任何一种类型。

2.1.4　变量

变量就是其值在程序运行过程中可以改变的量。注意：变量的值可以改变，但并不是非变不可。变量要有变量名，变量的实质是代表一定的存储单元，存储单元中存储的是该变量的值，通过使用变量名可以引用其所代表的存储单元中的内容。不同类型的变量存储单元的大小不同，变量的使用必须符合“先定义，后使用”的原则。变量的类型包括整型变量、实型变量、字符型变量这 3 类，下面分别予以介绍。

1. 整型变量

整型变量有 6 种，分别为：有符号基本整型(signed int)、无符号基本整型(unsigned int)、有符号短整型(signed short int)、无符号短整型(unsigned short int)、有符号长整型(signed long int)、无符号长整型(unsigned long int)。

2. 实型变量

实型变量包括单精度(float)和双精度(double)两种类型。

3. 字符型变量

字符型变量用于存放一个字符，用关键字 char 来声明。

在 C 语言中，字符型变量也有带符号与无符号之分，一般情况下，直接使用 char 声明的字符变量常常是带符号的，其数值范围为-128~127；可以使用 unsigned char 声明无符号字符型变量，其数值范围为 0~255。

2.1.5　数据类型的转换

当同一表达式中各个数据的类型不同时，需要把它们转换成同一类型后再进行计算，这种转换可以由编译程序自动实现，即自动转换；也可以由程序人员在编译程序时使用类型转换运算符实现，即强制转换。

1. 自动转换

自动转换又可以分为两类，一类是必然实现的转换，即不论参与运算的数据类型是否一致，某些类型的数据也必然转换为另一种类型，主要包括如下两种情况。

(1) 凡属于 char、short 类型的变量在运算时一律转换为 int 类型。

(2) 凡属于 float 类型的变量在运算时一律转换为 double 类型。

另一类是当运算对象的数据类型不同时，按照从低到高的顺序进行转换。例如，若 a 是 int 类型，b 是 double 类型，计算 a/b 时，将 a 转换成 double 类型后，再与 b 相除。

2. 强制转换

格式为：(数据类型标识)表达式

其作用是把表达式的结果转换为由“数据类型标识”指定的数据类型。例如，(double)(a+b)，是将(a+b)的值强制转换为 double 类型，注意与(double)a+b 不同。

2.1.6　C 语言运算符的优先级和结合性

所谓运算符的优先级，是指当一个运算量的两边连接两个运算符时，根据运算符的优先级决定先运算其左边的还是右边的运算符。运算符的结合性，是指优先级相同的运算符(也包括相同的运算符)出现在同一表达式中时，根据运算符的结合性来决定先对哪一个运算符进行操作，可分为自左向右结合和自右向左结合两种。

本章涉及的具体运算符的优先级和结合性如表 1-2-1 所示。

表 1-2-1　C 语言运算符的优先级和结合性

优先级	运算符	名称	结合方向
1	++ – – – (类型) sizeof	增 1 运算符 减 1 运算符 负号运算符 类型转换运算符 长度运算符	自右向左
2	* / %	乘法运算符 除法运算符 取模运算符	自左向右
3	+ –	加法运算符 减法运算符	自左向右
4	=　+=　–=　*= /=　%=	赋值运算符	自右向左
5	,	逗号运算符	自左向右

2.1.7　算术运算符和算术表达式

算术运算符包括加(+)、减(–)、乘(*)、除(/)、模(%)，其运算符合数学上的运算规则。需要说明的是：两个整型量相除时，所得的结果为整型，如3/2的结果为1，而非1.5；模运算要求连接的两个量必须是整型数据。

算术表达式指用算术运算符和括号将运算量连接起来、符合C语言语法规则的表达式。括号可以改变运算符的自然运算顺序，注意只能使用小括号。

2.1.8　自增运算符和自减运算符

自增运算是使变量的值增1，而自减运算是使变量的值减1。

特别提醒：

(1) 只有变量才能用自增(减)运算符连接，不可以将该类运算符用于表达式或常量。

(2) 自增(减)运算有前缀方式和后缀方式两种，使用时注意两者的区别。

(3) 自增(减)运算符为单目运算符，其结合性都是自右向左结合。

2.1.9　赋值运算符和赋值表达式

赋值运算符的一般使用形式为“变量=表达式”，用于连接一个变量(准确一点说是内存单元)与一个表达式，其功能是把右边表达式的值赋予左边的变量。

左边的变量(内存单元)称为左值，右边的表达式称为右值。

2.1.10　复合赋值运算符

在赋值运算符之前加上其他运算符可以构成复合赋值运算符，这主要是为了提高C语言编译器的编译效率。例如，与算术运算符结合可以形成+=，–=，*=，/=，%=。

需要说明的是：复合赋值运算符的两个符号之间一定不能有空格，复合赋值运算符与赋值运算符(=)具有相同的优先级和结合性。

2.1.11　逗号运算符

用逗号运算符将两个表达式连接起来所形成的表达式称为逗号表达式，一般形式如下。

表达式1, 表达式2

需要说明的是：逗号运算符连接的表达式1或表达式2也可以是逗号表达式。

逗号表达式通常用于连接一些处于并列关系的表达式，如可以用在for语句中。

2.2　本 章 难 点

2.2.1　运算符的优先级

不同优先级的运算符出现在同一表达式中时，必须根据各运算符的优先级来考虑对它们的使用，否则运算的结果就可能不正确。

各种类型运算符的优先级有一定的规律(可参照第 2.1 节中关于运算符的优先级的内容)可循，如果难以确定各运算符的优先级，可以在表达式中适当地加上一些小括号来避免意外结果的产生。另外，在运算符的两边有意加上若干个空格，也可增强表达式的清晰度。

例如，对于表达式(M) ?(a++): (a--)，其中的运算符++、--的优先级相同，且都高于条件运算符(?:)，所以这个表达式也可写成 M ?a++:a--，其作用与原表达式完全相同，但清晰度就远不如原表达式了。

2.2.2　运算符的结合性

运算符的结合性其实是一个经常处理的问题，如常说的“负负得正”。对于表达式“－－5”(为了与 C 语言的自减运算符区分，两个负号之间特地用了一个空格，这个表达式与－(－5)等价，即等于 5)，负号作为一个运算符，显然后面不能直接跟一个运算符，而应该跟一个运算量，这样一来，就应该先处理后面(右边)的负号，也就是说后面的负号与运算量 5 结合，得到一个－5，在此基础上，再运算前一个(左边)的负号，得结果为 5。这里就存在一个先计算哪一个负运算的问题，显然两个运算符的优先级相同(同一个运算符)，此时，便根据运算符的结合性来决定先运算哪一个，从上面的分析可以看出，负运算是自右向左结合的。

在运算符的结合性不是很清楚的情况下，可以适当地添加小括号或空格来加强表达式的清晰度。

2.2.3　复合赋值运算

复合赋值运算符的存在可以在一定程度上提高程序的编译效率，但复合赋值运算符的存在会影响程序的清晰度，尤其对于初学者，应该限制性地使用这类运算符。

在使用复合赋值运算符时，一定要弄清楚它们的含义，其功能是复合赋值运算符左边的变量与右边的表达式进行运算，其结果再赋值给左边的变量，因此也称为自反运算。

当复合赋值运算符右边是一个表达式，而非单个变量时，需特别注意。如表达式 a*=b/c，该表达式相当于 a=a*(b/c)，而不能简单地看作 a=a*b/c，这两个表达式的结果在某些情况下可能一样，但有些情况下就不一样。例如，a、b、c 都是整型，不妨设 a=3，b=1，c=2，a*=b/c 的结果 a 被赋值为 0，而 a=a*b/c 的运算结果 a 被赋值为 1。

2.2.4　赋值类型转换

如果赋值运算符连接的左值与右值的数据类型不一致，在赋值前系统将自动把右值按左值的数据类型进行转换(也可以用强制类型转换的方式，把右值类型转换为左值类型再进行赋值)，但这种方式仅限于某些数据类型之间，通常称为“赋值兼容”。

常用的赋值转换规则如下。

(1) 当右值为实型，左值为整型时，把实型数据的小数部分截断。

(2) 当右值为整型，左值为实型时，数值不变，但以浮点数形式存储于左值中。

(3) 当右值为 double 类型，左值为 float 类型时，取右值的前 7 位有效数字，赋值于左值。

(4) 当右值为字符型，左值为整型时，将右值进行扩展(带符号数进行符号位扩展，无符号数进行 0 扩展)，再赋值于左值。此规则同样适用于右值为较短的整型，而左值为较长的整型的情况。

(5) 当右值为整型，左值为字符型时，截取右值的低 8 位，原封不动地赋值于右值。

2.3 例题分析

例 2.1　以下各项中不合法的用户标识符是(　　)。

A. st.n　　B. file　　C. Main　　D. GO

解：C 语言规定标识符只能由字母、数字与下画线构成，由此得出答案为 A，因为它含有非法字母“.”。B 是合法的标识符。答案 C、D 中包含了大写字母，C 是区分字母大小写的，所以 C、D 不是 C 语言的保留字符，可以作为合法的标识符。

例 2.2　以下各项中不正确的实型常量是(　　)。

A. 7.375E－1　　B. 0.3048e2　　C. －44.44　　D. 123e－2.5

解：实型常量有小数形式与指数形式两种表示法。答案中的 C 是小数形式表示的实型常量，是正确的。指数形式的实型常量由两部分组成，即尾数与指数，其中尾数必须是一个合法的小数形式的实型常量，而指数必须是一个合法的整型常量，根据以上分析，答案 D 的指数部分不是一个合法的整型常量，即是不正确的实型常量，故选 D。

例 2.3　下列不合法的十六进制整型常量是(　　)。

A. oxff　　B. 0Xabd　　C. 0x16　　D. 0x345

解：C 语言规定十六进制整型常量以 0x 或 0X 开头，数字符号范围为 0 至 9、'A'至'F'或'a'至'f'。答案 A 以字母'o'开头，不符合 C 语言的规定，是不合法的十六进制数，故选 A。顺便指出，以字母('o')开头恰好符合标识符命名规则，故 A 可以作为合法标识符，但不是一个合法的十六进制常量。

例 2.4　以下程序的运行结果是(　　)。

```
main()
{ int a=2;
  printf("%d,%d,%d\n", a--,a+=2, ++a);
}
```

A. 4，5，3　　B. 1，3，4　　C. 2，4，5　　D. 5，5，3

解：自增(减)运算符有前缀与扩展名两种使用形式，其区别是，使用前缀方式时，先实现变量的自增(减)1，而使用扩展名方式时，先引用变量的当前值，然后再自增(减)1。另外，在此题中还要注意函数参数的计算顺序，在 Visual C++或 C-Free 或 Turbo C 等系统中，实参的求值自右向左进行。本题是先计算++a，然后计算 a+=2，最后计算 a--。根据以上分析，不难得出正确答案为 D。

例 2.5　若变量已正确定义并赋值，符合 C 语言语法的表达式是(　　)。

A. a+=b+c=5+d　　B. a=7+b+c,a++　　C. a=a–8;　　D. 4.5%2

解：答案 A 的后半部分“b+c=5+d”，赋值运算符的左边出现表达式，故是错误的；答案 C 看起来是正确的，但因为后面有一个“;”，所以不是表达式，而是赋值语句，是错误的；答案 D 中的%运算符要求参与运算的量为整型量，故也是错误的，只有答案 B 是正确的，B 中赋值符号的右侧是一个合法的逗号表达式。

例 2.6　写出下面程序的运行结果。

```
main()
{ int a=7,b=2;
  printf("%d,%d,%f,%f\n", a/b,a%b,(float)a/b, (float)(a/b));
}
```

解：程序的运行结果是：3,1,3.500000,3.000000。

因为 a 和 b 都是整型，所以 a/b 是整型，值为 3，不是 3.5；a%b 是求 a 除以 b 的余数，所以是 1；(float)a/b 是先将 a 转换成实型，再与 b 相除，b 当然也要转换成实型，结果是实型；(float)(a/b) 是先做(a/b)(值为 3)，然后再将 3 转换成实型。

例 2.7　写出下面程序的运行结果。

```
main()
{ printf("\"\\%%\101\102\103\104%%\\\"\n");
  printf("\'\x61\x62\x63\x64\'\\%%\n");
  printf("\"ABCD\"\60\61\62\63\64\b\x30\x31\x32\x33\n");
}
```

解：程序的运行结果输出如下。

```
"\%ABCD%\"
'abcd'\%
"ABCD"01230123
```

对于放在 printf 函数的双引号内的转义字符，(\")输出一个双引号，(\')输出一个单引号，(\\)输出一个反斜线，(\101)输出 A，(\102)输出 B，(\103)输出 C，(\104)输出 D，(\x61)至(\x64)输出 abcd，(\60)至(\64) 输出 01234，(\b)是退格，退格的结果擦掉了 4，(\x30)至(\x33)输出 0123。对于放在 printf 函数的双引号内的其他字符(如 ABCD)原样输出。对于放在 printf 函数的双引号内的两个并列的%只输出一个%。注意(%%)与(%d)或(%c)等输入、输出控制符号不同。

2.4　习　　题

2.4.1　单项选择题

1. 数据在内存中是以(　　)形式存放的。

A. 二进制　　B. 八进制　　C. 十进制　　D. 十六进制

2. 下列数中，(　　)是浮点数的正确表示形式。

A. 223　　B. 719E22　　C. e23　　D. 12e2.0

3. 字符型常量在内存中存放的是它的(　　)二进制形式。

A. ASCII 码　　B. BCD 码　　C. 内部码

4. “BB\n\\\123\t”在内存中占的字节数是(　　)。

A. 6　　B. 7　　C. 8　　D. 9

5. 若变量 a、i 已正确定义，且 i 已正确赋值，以下合法的语句是(　　)。

A. a==1　　B. ++i;　　C. a=a++=5;　　D. a=int(i);

6. 下列运算符中，结合方向为自左向右的是(　　)。

A. =　　B. ，　　C. +=　　D. – –

7. 若有“int x;”，则 sizeof(x)和 sizeof(int)两种描述(　　)。

A. 都正确　　B. 值不一样　　C. 前者正确　　D. 后者正确

8. 整型变量 x=1，y=3，经下列计算后，x 的值不等于 6 的是(　　)。

A. x=(x=1+2,x*2)　　B. x=y%5/2*6

C. x=9-(--y)-(++x)　　D. x=y*4.2/2

9. 单精度变量 x=3.0，y=4.0，下列表达式中 y 的值为 9.0 的是(　　)。

A. y/=x*27/4　　B. y+=x+2.0　　C. y– =x+8.0　　D. y*=x-3.0

10. 若整型变量 i=3，j=4，整型变量 k=(i++)+(j--)后，k 的值为(　　)。

A. 6　　B. 7　　C. 8　　D. 9

11. 设有整型变量 x=1，表达式(x || 0)&&(!x)的值为(　　)。

A. 0　　B. 1　　C. 10　　D. 11

12. 执行“printf("number:\101,\x42");”，输出为(　　)。

A. number:\101,\x42　　B. number:A,B

C. number:101,x42　　D. number:a,b

13. 有整型变量 x，单精度变量 y=5.5，表达式 x=(float)(y*3+((int)y)%4)执行后，x 的值为(　　)。

A. 17　　B. 17.500000　　C. 17.5　　D. 16

14. 表达式(a=10%7, b=3/2, a=a+b, a%3)的值为(　　)。

A. 1.5　　B. 1　　C. 4　　D. 3

15. 以下各项中值最大的是(　　)。

A. sizeof(int)　　B. sizeof(unsigned long)

C. sizeof(double)　　D. sizeof(long)

16. 在 C 语言中，不正确的 short int 类型的常数是(　　)。

A. 32768　　B. 0　　C. 037　　D. 0xAF

17. 当变量 c 的值为 0 时，在下列选项中能正确将 c 的值赋给变量 a、b 的是(　　)。

A. c = b = a ;　　B. (a = c)||(b = c);

C. (a = c)&&(b = c);　　D. a = c = b ;

18. 下列程序的输出结果是(　　)。

A. 3　　B. 3.2　　C. 0　　D. 3.07

```
main( )
{ double   d=3.2;       int x, y;     x=1.2;     y=(x+3.8)/5.0;
  printf("%d \n", d*y );
}
```

19. 下列各式中，合法的变量定义形式是(　　)。

A. short　_a= .1e-1;　　B. double　b=1+5e2.5 ;

C. long　do=0xfdaL;　　D. float　2_and=1– e–3;

20. 设“int x=1, y=1 ;”，表达式(--x || y--)值是(　　)。

A. 0　　B. 1　　C. 2　　D. – 1

21. 下列程序执行后的输出结果是(　　)。

A. G　　B. H　　C. I　　D. J

```
main( )
{   int   x='f' ; printf(" %c \n", 'A'+(x–'a'+1 ));   }
```

22. 下列程序执行后的输出结果是(　　)。

A. -1，-1，-1　　B. -1，65535，ffff

C. -1，177777，ffff　　D. -32768，-1，65535

```
main( )
{    int   x=-1 ;   printf("%d，%o，%x \n", x, x, x); }
```

23. 设有如下定义。

```
int   i=8 , k , a , b ;
unsigned   long   w=5;
double   x=1.42 ,   y=5.2 ;
```

则以下符合 C 语言语法的是(　　)表达式。

A. a + = a - =(b = 4)*(a = 3)　　B. x%(-3)

C. a = a * 3 = 2　　D. y = float(i)

24. 以下程序段的输出结果是(　　)。

```
int a=2,b=5;
printf("a=%%d, b=%%d\n", a,b);
printf("a=%d, b=%d\n", a,b);
```

A. a=%2,b=%5
a=2,b=5　　B. a=2,b=5
a=2,b=5　　C. a=%%d,b=%%d
a=2,b=5　　D. a=%d,b=%d
a=2,b=5

25. 执行“printf("\\\'%d\141\40\142%c\"\x31\40\x32\x33",3+4,'e');”，输出为(　　)。

A. \\\'7A Be\"1 23　　B. \\'7a be\"1 23

C. \'7A Be\"1 23　　D. \'7a be"1 23

26. 以下程序的输出结果是(　　)。

```
main()
{ int a=3;        printf("%d\n",a+(a-=a*a) );     }
```

A. − 6　　B. 12　　C. 0　　D. − 12

27. 运行以下程序时，从键盘输入 567，输出是(　　)。

```
int main()
    { int a,b,c,d,e;      scanf("%d",&a);
        b=a/100; c=(a-b*100)/10; d=(a%100)%10; e=d*100+c*10+b;
        printf("%d\n",e);
    }
```

A. 567　　B. 756　　C. 576　　D. 765

28. 若以下所有变量已正确定义并赋值，下面符合 C 语言语法表达式的是(　　)。

A. a:=b+1　　B. a=b=c+2　　C. int a=18.5%3　　D. a=a+7=c+b

29. 若已定义 x 和 y 为 double 类型，则表达式(x=1，y=x+3/2)的值是(　　)。

A. 1　　B. 2　　C. 2.0　　D. 2.5

30. 运行如下程序的输出结果是(　　)。

```
main( )
{ int y=3,x=3,z=1; printf("%d %d\n",(++x,y++),z+2);     }
```

A. 3 4　　B. 4 2　　C. 4 3　　D. 3 3

2.4.2　填空题

1. C 语言规定，标识符只能由_______、_______和_______这 3 种字符组成，而且，第一个字符必须是_______或_______。

2. 一个 C 程序一般由若干函数组成，程序中有且只有一个_______。

3. 一个 C 函数是由_______和_______这两部分组成的。

4. 一个 C 程序总是从_______函数开始执行的。

5. C 语言的基本数据类型有_______、_______和实型数据，其中实型数据又分为_______和_______。

6. 在内存中占据 16 位的无符号整型变量的取值范围是_______到_______。

7. 在 C 语言中，八进制整常量以_______开头，十六进制整常量以_______开头。

8. 十进制 short　int 型数–1 转换为十六进制 short　int 型数为_______。

9. 在 C 程序中，%运算符可用做_______运算，而_______运算可用++作为运算符，sizeof(float)是求_______。

10. 将运算符按优先级从高到低的顺序排列：/、+、++、,、%是_______。

11. 'x'在内存中占___字节，"x"在内存中占___字节，"\101"在内存中占___字节。

12. 若 x 为整型变量，执行语句“x='b' – 'A '；”后，x 的值为_______。

13. 单精度实型变量 x，执行语句“x=8.4+13.1*2–‘a’%7;”后，x 的值为________。

14. 整型变量 a、b、c、i、j，执行表达式语句“i=3; a=i++; b=i++; c=i++; j=a+b+c; ”后，变量 i 的值为________，变量 j 的值为________。

15. 整型变量 a、b、c、d 的初值都是 3，计算表达式 d=(++a,a++ ,b=a--,c=(++b)+(--c))后，a、b、c 的值分别为________、________、________，d 的值为________。

16. 已知有 a、b 两个数，执行“x=b; b=a; a=x;”操作后，执行的效果是________。

17. 将下列数学式改写成 C 语言的表达式。

(1) ax^3+bx^2+cx+d 可以写成____________________。

(2) $\sqrt{\dfrac{a^2+b^2}{a*b}}$ 可以写成________________________。

18. 执行如下程序：

```
main( )
{ int x=0, y=0, z=0;
  x=(y=y+1)+(z=z+1);          printf("%d,%d,%d*",x,y,z);
  x=(++y, ++z);               printf("%d,%d,%d*",x,y,z);
  x+=(y=y-1)*(z-=1);          printf("%d,%d,%d*",x,y,z);
}
```

程序输出结果为______________________。

19. 整型变量 a=5，b=7，则表达式 b/a * 100 的值是____________。

20. 以下程序段运行的结果是____________。

```
int     a=5, b=3;
printf(" a+b=%d , ", a+=b+=a+b);
printf(" a–b=%d \n", a-=b-=a-b);
```

2.4.3 阅读程序写结果题

1.
```
#include"stdio.h"
main()
{int a,b,d=241;   a=d/100%9;    b=(-3)%(-2);   printf("%d,%d",a,b);    }
```

2.
```
#include"stdio.h"
main()
{ int i,j,x,y;   i=5; j=7;   x=++i;   y=j++;
 printf("%d,%d,%d,%d",i,j,x,y);   }
```

3.
```
#include"stdio.h"
main()
{float f=13.8;   int n;   n=((int) f)%3;   printf("n=%d",n);   }
```

4.
```
#include "stdio.h"
main()
{int n=2;   n+=n-=n*n;   printf("n=%d",n); }
```

5. #include"stdio.h"

```
main()
    {int a,b,x;     x=(a=3,b=a--); printf("x=%d, a=%d, b=%d",x,a,b); }
```

6. #include"stdio.h"

```
main()
 {float f1,f2,f3,f4;   int m1,m2;   f1=f2=f3=f4=2;   m1=m2=1;
  printf("%d,%d\n",m1+=f1*f2/(f3*f4),m2+=f1*f2/f3*f4);
 }
```

7. #include"stdio.h"

```
main()
{int x=5,y=2; printf("1:%d; ",y=x/2); printf("2:%d;", y=x%2);
 printf("3:%d;", y=(float)(x/2));   printf("4:%d", y=(float)x/2);
}
```

8. #include"stdio.h"

```
main()
{unsigned short b=65535;   printf("%d，%u",b，b);   }
```

9. #include"stdio.h"

```
main()
{ int a,b,c ,x=10,y=9;
 a=(--x / y++); b=++y;   c=b+(--x)%(y++);
 printf("a=%d , b=%d , c=%d\n" , a , b, c);
}
```

10. #include"stdio.h"

```
main()
  { int x=0,y=0,z=0;
   x=++y+(++z);   printf("%d,%d,%d*",x,y,z);
   x=(y++)+z++;       printf("%d,%d,%d*",x,y,z);
   x=(--y)+(z--);    printf("%d,%d,%d*",x,y,z);
  }
```

11. # include"stdio.h"

```
main()
{short   i=-1;   printf("%d,%o,%x,%u\n",i,i,i,i);   }
```

12. # include"stdio.h"

```
main()
{short   i=1;   printf("%d,%o,%x,%u\n",i,i,i,i);   }
```

13. # include"stdio.h"

```
main()
{ char c='A';   printf("%d,%o,%x,%c\n",c,c,c,c);   }
```

14.
```
# include"stdio.h"
main()
{float f=3.1415927;   printf("%f,%5.4f,%3.3f\n",f,f,f);   }
```

15.
```
# include"stdio.h"
main()
{float f=3.5;   printf("%f,%g\n",f,f);   }
```

2.4.4　编写程序题

1. 利用变量 k，将两个变量 m 和 n 的值进行交换。
2. 输入一个三位数 n，把它倒着输出(如输入 672，输出 276)。
3. 输入一个整数 n，输出 n 除以 3 的余数。
4. 输入一个英文字符，分别输出它的十进制、八进制、十六进制的 ASCII 码值。
5. 输入两个实数，计算这两个实数的平均值，分别输出保留 2 位或 4 位小数的平均值。
6. 输入一个三位整数 n，求 n 的三位数码之和。
7. 编写一个程序，要求不使用中间变量，实现两个变量 a、b 值的交换。

2.5　习题参考答案

2.5.1　单项选择题答案

1. A　2. B　3. A　4. A　5. B　6. B　7. A　8. C　9. B　10. B
11. A　12. B　13. A　14. B　15. C　16. A　17. B　18. C　19. A　20. B
21. A　22. C　23. A　24. D　25. D　26. D　27. D　28. B　29. C　30. D

2.5.2　填空题答案

1. 字母　数字　下画线　字母　下画线　2. main 函数
3. 函数首部　函数体　4. main
5. 整型　字符型　单精度实型 float　双精度实型 double
6. 0　2^{16}-1　7. 0　0x　8. 0xFFFF
9. 求余数　自增　单精度实型所占的字节数　10. ++、/、% 、+ 、,
11. 1　2　2　12. 33　13. 28.6　14. 6　12
15. 4　6　8　8　16. 交换 a,b 的值
17. (1) a*x*x*x+b*x*x+c*x+d　(2) sqrt((a*a+b*b)/(a*b))
18. 2,1,1*2,2,2*3,1,1*　19. 100　20. a+b=16 , a-b=10

2.5.3　阅读程序写结果题答案

1. 2, －1
2. 6,8,6,7
3. n=1
4. n=－4
5. x=3,a=2,b=3
6. 2,5
7. 1:2;2:1;3:2;4:2
8. －1,65535
9. a=1,b=11,c=19
10. 2,1,1*2,2,2*3,1,1*
11. －1,177777,ffff,65535
12. 1,1,1,1
13. 65,101,41,A
14. 3.141593,3.1416,3.142
15. 3.500000,3.5

2.5.4　编写程序题参考答案

1.
```
main()
{ int m,n,k;    scanf("%d,%d",&m,&n);           /*如果输入 3，5*/
  k=m;   m=n;   n=k;   printf("%d,%d",m,n); /*那么输出 5，3*/
}
```

2.
```
main()
{ int n, a,b,c;
  printf("输入一个三位数：");    scanf("%d",&n);
  a=n/100;    b=n/10%10;    c=n%10;    printf("%d%d%d",c,b,a);
  }
```

3.
```
main()
{ int n;   scanf("%d",&n); printf("%d",n%3); }
```

4.
```
main()
{ char a;   scanf("%c",&a); printf("%d,%o,%x\n",a,a,a); }
```

5.
```
main()
{ float a,b,c;      scanf("%f,%f",&a,&b);
   c=(a+b)/2;   printf("%9.2f,%9.4f\n",c,c);
}
```

6.
```
main()
{int n, p,s=0;      scanf("%d",&n); /*如 n 为 123*/
 p=n%10; s=s+p; n=n/10;       /*n 变为 12*/
 p=n%10; s=s+p; n=n/10;       /*n 变为 1*/
 p=n%10; s=s+p;
 printf("%d",s);
 }
```

7.
```
main()
{int a=3,b=5;       printf("%d  ,  %d",a,b);/*输出 3，5*/
 a=a+b;     b=a-b;   a=a-b;
 printf("%d  ,  %d",a,b);     /*输出 5，3*/
}
```

第3章 程序设计初步

3.1 本 章 要 点

3.1.1 格式输入函数 scanf()

scanf()函数的作用是以指定的格式从标准输入设备(键盘)读取输入的信息。

函数调用格式如下。

```
scanf("格式控制",地址列表);
```

函数调用格式说明如下。

1. 格式控制

“格式控制”是用双引号引起来的字符串，也称为“转换控制字符串”，由格式说明符和普通字符组成。格式说明符由%和格式字符组成，如%d、%c 等，作用是以指定的格式输入数据。对于普通字符，在输入数据时，要在对应位置输入与它们相同的字符。

2. 地址列表

“地址列表”是需要读入的所有变量的地址，也可以是字符串或数组的首地址，但不是变量本身。这与 printf()函数不同，要特别注意。各个变量的地址之间用逗号“,”分开。

注意：

(1) 使用 scanf 函数输入数据时，每个输入项必须是变量，而不能是表达式，scanf 函数没有计算功能。如“scanf("%4d",&(x+3));”是错误的，因为输入项为表达式 x+3。

(2) 如果实际输入数据的宽度大于格式说明中规定的数据宽度，则系统自动从左到右按规定的数据宽度截取数据，多余的将被丢掉。

(3) 若在%后面加一个*修饰符，则表示要跳过此项。

(4) 在格式控制串中，如果格式说明的类型与输入项的类型不匹配，系统不会给出错误信息，但可能得不到正确结果。

(5) 当调用 scanf 函数从键盘上输入数据时，最后一定要按 Enter 键，否则，scanf 函数接收不到数据。

3.1.2　格式输出函数 printf()

printf()函数用于向标准输出设备按规定格式输出信息。printf()函数的调用格式如下。

```
printf("格式控制",输出项列表);
```

函数调用格式说明如下。

1. 格式控制

“格式控制”必须用双引号引起来，其中的内容可以包括格式说明符、普通字符和转义字符。

格式说明符由%和格式字符组成，如%d、%c 等，作用是以指定的格式输出数据；普通字符的作用是为提高输出结果的可读性；转义字符是以\开头的字符序列，功能是在输出时产生一个“特殊”操作。

2. 输出项列表

“输出项列表”列出所要输出的数据，可以是单变量、字符串、表达式等。其个数必须与格式控制字符串所说明的输出参数个数相同，各参数之间用逗号“,”分开, 且顺序一一对应，否则将会出现意想不到的错误。

注意：

(1) 在格式控制串字符中，格式说明符必须与输出项从左到右在个数和类型上相匹配，不然将导致数据不能正确输出，这时系统并不报错。

(2) printf()函数的返回值通常是本次调用中输出字符的个数。

3.1.3　单字符输入函数 getchar()

单字符输入函数的作用是输入一个字符。函数调用格式为 getchar()。

注意：

(1) getchar()函数没有参数，且每次只能接收一个字符。

(2) getchar()函数返回值是输入的字符，如输入的是数字，也视为字符，按字符处理。

(3) getchar()函数的返回值也可以作为表达式的一部分。示例代码如下。

```
printf("\n%c\n",getchar());
```

3.1.4　单字符输出函数 putchar()

单字符输出函数的作用是输出一个字符。函数调用格式为 putchar(字符)。

注意：

(1) putchar()函数的作用等同于 printf("%c", 字符)。

(2) putchar()函数括号内可以是单个字符或表达式，putchar()函数具有计算功能。

(3) 在使用 getchar()和 putchar()函数时，要用预编译命令#include 将 stdio.h 文件包括到用户源文件中。

3.1.5　赋值语句

赋值语句由赋值表达式在尾部加上一个分号构成。其一般格式为“变量=表达式;”。

注意：

(1) 在 C 语言中，赋值语句中的赋值符号=是运算符。赋值号左边必须是变量名，右边可以是常量、变量或表达式。

(2) 赋值语句具有计算功能。赋值语句的执行是：先计算右边表达式的值，再把结果赋给左边的变量。

3.1.6　复合语句和空语句

1. 复合语句

复合语句是为实现某个特定功能，用一对大括号{}括起来的一组语句。一般形式如下。

```
{
    说明部分      /*指常量和变量的定义，被调用函数的说明等，有时被省略。*/
    执行部分      /*指为实现某项功能所采取的操作，即语句序列。*/
}
```

注意：

(1) 复合语句中最后一条语句的分号不能不写，否则系统将报错。

(2) 虽然 C 语言允许一行写几个语句，也允许一个语句拆开写在几行上，但是为了易读，一般一行只写一条语句。

(3) 复合语句中的大括号必须成对出现。

2. 空语句

C 语言中的所有语句必须由一个分号“；”作为结束标志，只有一个分号也是 C 语言的语句，称为空语句。程序执行空语句不产生任何动作，有时用它来实现延时等功能。

3.1.7　顺序结构

顺序结构是结构化程序设计中的 3 种基本结构之一，是最简单、最常见的一种程序结构。在顺序结构中，程序的执行是按语句出现的先后顺序进行的，并且每条语句都能被执行。

顺序结构程序通常由 3 部分组成：数据的输入、数据的处理、数据的输出。

3.2　本 章 难 点

3.2.1　printf()函数中的格式字符、附加格式符和转义符

(1) 输出不同类型的数据时，应该用不同的格式字符。

%d 或%i，输出十进制有符号整数；%u，输出十进制无符号整数；%o，输出无符号八进制整数；%x 或%X，输出无符号十六进制整数；%f，输出小数形式的实型数；%e 或%E，输出指数形式的实型数；%g 或%G，自动选择合适的表示法输出实型数；%c，输出单个字符；%s，输出字符串；%p，以十六进制形式输出指针变量的值(地址值)。

(2) 附加格式符。

① 可以在%和字母之间插入数字表示最大场宽。

例如，%3d，表示输出 3 位整型数，数码不够 3 位时左边补空格(数字靠右对齐)。

例如，%9.2f，表示输出场宽为 9 的实型数，其中小数位为 2，整数位为 6，小数点占 1 位，不够 9 位时左边补空格(数字靠右对齐)。

例如，%8s，表示输出场宽为 8，字符串个数不够 8 时左边补空格(字符靠右对齐)。

如果字符串的长度或整型数位数超过说明的场宽，将按其实际长度输出。但对于实型数，若整数部分位数超过了说明的整数位宽度，将按实际整数位输出；若小数部分位数超过了说明的小数位宽度，则按说明的宽度以四舍五入输出。

另外，要想在输出值前加一些 0，就应在场宽项前加个 0。如%04d，表示在输出一个小于 4 位的数值时，将在前面补若干个 0 使其总宽度为 4 位。

② 可以在"%"和字母之间加小写字母 l，表示输出的是长型数。

例如，%ld，表示输出 long 整数。

例如，%lf，表示输出 double 浮点数。

③ 可以控制输出靠左对齐或靠右对齐。如果在%和字母之间加入一个-号，输出为靠左对齐，否则为靠右对齐。

例如，%-7d，表示输出整数占 7 位宽度，数字靠左对齐。

例如，%-10s，表示输出字符占 10 位宽度，字符靠左对齐。

(3) 转义字符是以一个\开头的字符序列，在程序中可以灵活应用。

3.2.2　scanf()函数中的格式字符和附加格式符

scanf()函数中的格式控制串必须以%开始，以一个格式字符结束，并且要用双引号引起来。需要注意各种常用的格式字符之间的区别。

scanf()函数还可以在%与格式字符之间插入修饰符，即附加格式说明符。有 l、h、域宽 m 和*。例如，%ld 用来输入长整型，%hd 用来输入短整型，%5d 指定输入域宽为 5，%*3d 表示跳过 3 位整数。

注意：

包括在 scanf()函数第一个参数(双引号内的格式控制)内的普通字符，在从键盘输入时要原样输入。例如，执行“scanf("a=%d",&a);”时，普通字符 a=要原样输入，如果准备给 a 赋值为 6，要从键盘输入 a=6。

3.3　例 题 分 析

例 3.1　下面程序的输出结果是(　　)。

```
#include <stdio.h>
main()
{int i=010,j=10;    printf("%d,%d\n",++i,j--); }
```

A. 11,10　　B. 9,10　　C. 010,9　　D. 10,9

解：程序中变量 i=010 是八进制数的表示形式，即八进制的 10，化为十进制数为 8，变量 i 先自增 1 为 9，然后输出 i 的值；而 j 是先输出其值 10，再自减 1。故 B 为正确答案。

例 3.2　下面程序的输出结果是(　　)。

```
#include<stdio.h>
main()
{int a=2,c=5; printf("a=%%d,b=%%d\n",a,c); }
```

A. a=%2,b=%5　　B. a=2,b=5　　C. a=%%2,b=%%5　　D. a=%d,b=%d

解：在 printf 语句中，C 语言规定，如果格式说明中包含%%字符，则%%不作为格式符使用，而是处理成一个字符%，按原样输出。另外，在 printf 语句中，当格式符的个数少于输出项时，多余的输出项不输出。故正确答案为 D。

例 3.3　如果有以下定义和语句，则输出的结果是(　　)。

```
char c1='b',c2='e';
printf("%d,%c\n",c2-c1,c2-'a'+'A');
```

A. 2,M　　B. 3,E　　C. 2,e

(D) 输出项与对应的格式控制不一致，输出结果不确定

解：C 语言中，字符是通过其 ASCII 码存储的。因为 c2–c1 为 3；因为表达式 c2–'a'+'A'=c2–('a'–'A')=c2–32，是将小写字母转换为大写字母。故正确答案为 B。

例 3.4　若想通过下面输入语句为整型变量 a 赋值 1，为整型变量 b 赋值 2，则输入数据的形式应该为______。

```
scanf("a=%d,b=%d",&a,&b);
```

解：在 scanf()函数中，对于除格式控制字符串外的其他普通字符，应该原样输入。在本题中“a=”、“，”和“b=”均为普通字符，在键盘输入数据时应原样输入。故答案为“a=1,b=2”。

例 3.5　已知梯形的上底、下底和高，编写程序计算其面积。

解：设：x 表示梯形的上底，y 表示梯形的下底，z 表示梯形的高，area 表示梯形的面积，则梯形的面积 area=(x+y)*z/2。程序代码如下。

```
main()
{ float x,y,z,area;
   printf("\ninput x,y,z: ");
   scanf("%f,%f,%f",&x,&y,&z);                  /*输入梯形的上底、下底和高*/
   area=(x+y)*z/2;                              /*计算梯形的面积*/
   printf("\narea is :%f",area);                /*输出梯形的面积*/
     }
```

3.4　习　　题

3.4.1　单项选择题

1. 程序段“int a=1234;　printf("%2d\n",a);”的输出结果是(　　)。

A. 12　　B. 34　　C. 1234　　D. 提示出错、无结果

2. 设 x、y 均为整型变量，且 x=10，y=3，则语句“printf("%d,%d\n",x--,--y);”的输出结果是(　　)。

A. 10，3　　B. 9，3　　C. 9，2　　D. 10，2

3. x、y、z 被定义为 int 型变量，若从键盘给它们输入数据，正确的输入语句是(　　)。

A. INPUT x、y、z;　　B. scanf("%d%d%d",&x,&y,&z);

C. scanf("%d%d%d",x,y,z);　　D. read("%d%d%d",&x,&y,&z);

4. 下列程序执行后的输出结果是(　　)。

```
main()
{ double d;   float f;   long j;   int i;
  i=f=j=d=20/3;   printf("%d%ld%f%f\n",i,j,f,d);
}
```

A. 666.0000006.000000　　B. 666.7000006.700000

C. 666.0000006.700000　　D. 666.7000006.000000

5. 以下合法的赋值语句是(　　)。

A. x=y=100　　B. d--;　　C. x+y;　　D. c=int(a+b);

6. 若变量 a、i 已正确定义，且 i 已正确赋值，则合法的语句是(　　)。

A. a==1　　B. ++i;　　C. a=a++=5;　　D. a=int(i);

7. 下列选项中，不正确的赋值语句是(　　)。

A. ++t;　　B. n1=(n2=(n3=0));　　C. k=i=j;　　D. a=b+c=1;

8. 以下程序的输出结果是(　　)。

```
#include<stdio.h>
```

```
main()
{ int i=023,j=23;    printf("%d,%d\n",++i,j--);    }
```

A. 23，23　　　　B. 20，23　　　　C. 023，22　　　　D. 19，22

9. 以下程序的输出结果是(　　)。

```
#include <stdio.h>
main()
{ printf("%d\n",NULL); }
```

A. 不确定　　　　B. 0　　　　C. －1　　　　D. 1

10. 以下语句的输出结果是(　　)。

```
printf("%s\n", "\'\101\x42\\")
```

A. 'AB\　　　　B. \'ab　　　　C. \'\101\x42\\　　　　D. 'ab\

11. 以下语句的输出结果是(　　)。

```
int a=65536; float b=65.43; char c;
c=a=b;   printf("%d, %f, %c\n", a, b, c);
```

A. 65, 65, 65　　　　B. 65, 65.430000, A

C. 65, 65.430000, 65　　　　D. 65, 65.43, A

12. 已知字符 A 的 ASCII 码为十进制的 65，下面程序的输出结果是(　　)。

```
main()
{ char ch1,ch2;   ch1='A'+'5'-'3';   ch2='A'+'6'-'3';
    printf("%d,%c\n",ch1,ch2);
}
```

A. 67，D　　　　B. B，C　　　　C. C，D　　　　D. 不确定的值

13. 执行语句“printf ("a\bre\'hi\'y\\\bou\n");”后，屏幕将显示(　　)。

A. a\bre\\'hi\'y\\\bou　　　　B. a\bre\'hi\'y\bou

C. re'hi'you　　　　D. abre'hi'y\bou

14. 以下程序的输出结果是(　　)。

```
main()
{ int   x=17;   printf("%d, %o, %x",x ,x, x);    }
```

A. 17，021，0x11　　　　B. 17，17，17

C. 17，0x11，021　　　　D. 17，21，11

15. 下列叙述正确的是(　　)。

A. 输入项可以是一个实型常量，如 scanf ("%f", 3.5);

B. 只有格式控制，没有输入项，也能正确输入数据到内存，例如：
scanf("a = %d, b = %d");

C. 当输入一个实型数据时，格式控制部分可以规定小数点后的位数，例如：

scanf ("%4.2f",&f);

D. 当输入数据时，必须指明变量地址，例如： scanf("%f" , &f) ;

16. 如下程序的输出结果是(　　)。

```
main( )
{ double x=2.71828; printf("%d",x);}
```

A. 2　　B. 2.71828　　C. 3　　D. 输出结果不正确

17. 如下程序的输出结果是(　　)。

```
main( )
{ int u=010,v=0x10,w=10; printf("%d,%d,%d\n",u,v,w); }
```

A. 8，16，10　　B. 10，10，10　　C. 8，8，10　　D. 8，10，10

18. 下面程序的输出结果是(　　)。

```
main()
{ int k=11; printf("k=%d,k=%o,k=%x\n",k,k,k); }
```

A. k=11，k=12，k=13　　B. k=11，k=13，k=13

C. k=11，k=013，k=oXb　　D. k=11，k=13，k=b

19. 执行下面程序段，给 x，y 赋值时，不能作为数据分隔符的是(　　)。

```
int x, y;    scanf("%d%d",&x,&y);
```

A. 空格　　B. Tab 键　　C. Enter 键　　D. 逗号

20. 已知“int x=1,y=－1;”,则语句“printf("%d\n",(x--*++y));”的输出结果是(　　)。

A. 1　　B. 0　　C. －1　　D. 2

3.4.2 填空题

1. 语句“printf("%-8.4s, %5.3f, %4d", "MAYAPP",35.1753, 12346);”的输出结果为________。

2. 若 x 为单精度型变量，y 为字符型变量，z 为整型变量，执行如下的输入语句：scanf ("%f%c%d", &x,&y, &z);后，从键盘输入 12.77A79A86。此时，变量 x、y、z 的值分别为________、________、________。

3. 下面程序的运行结果是____________。

```
main( )
{ int x=0, y=0, z=0;
  x=++y+(++z)      printf("%d,%d,%d      ", x,y,z);
  x+=(x ++,z++);    printf("%d,%d,%d      ", x,y,z);
  z=(++x)*(--y);    printf("%d,%d,%d\n", x,y,z);
}
```

4. 下列语句的输出结果是____________。

```
char a=31;printf("%d,%o,%x,%u\n",a,a,a,a);
```

5. 若有下列定义：

```
int i=8,j=9; float x=123.456;
```

以下各组语句的输出结果分别是__(1)__、__(2)__、__(3)__、__(4)__、__(5)__。

(1) printf("i=%u,j=%x\n",i,j);

(2) printf("i=%o,j=%o\n",i,j);

(3) printf("i=%d,j=%d\n",i,j);

(4) printf("i=%08dd,j=%-8d\n",i,j);

(5) printf("x=%10.2f,x=%10.2e\n",x,x);

6. 假设所有变量均为整型，则以下两组语句的输出结果分别是_____、_____。

(1) a=(a=3+5,a*4);　printf("%d\n",a);

(2) x=11/3;　printf("%d\n",x);

7. 以下程序借助变量 t，把 a，b 的值进行交换，请填空。

```
#include<stdio.h>
main()
{int a，b，t; printf("Input a,b:");
 scanf("%d%d",___(1)___);
 t=a;     ___(2)___;     b=t;
 printf("a=%d;b=%d\n",a,b);
}
```

8. 以下程序输入 3 个整数值给 a、b、c，程序借助中间变量 t，把 b 中的值给 a，把 c 中的值给 b，把 a 中的值给 c，交换后输出 a、b、c 的值。例如，读入 a、b、c 后，a=10，b=20，c=30；交换后，a=20，b=30，c=10，请填空。

```
#include   <stdio.h>
main()
{int a,b,c,___(1)___;
  printf("Enter a,b,c:"); scanf("%d%d%d",___(2)___);
  ___(3)___;   a=b;   b=c;   ___(4)___;
  printf("a=%d;b=%d;c=%d\n",a,b,c);
}
```

9. 如下语句的输出结果为_______________。

```
short k=-1;   printf("k1=%d, k2=%u" ,   k, k);
```

10. 如下语句的输出结果为_________________。

```
float x;   double y;   x=1234.5678;   y=1234.5678;
printf("x=%5.3f, y= %7.5e",x, y);
```

11. 如下语句的输出结果为________________。

```
char s;   long int k;   s='A';   k=111;
printf("%d,%x,%08ld",s,s,k);
```

12. 如下语句的输出结果为__________。

```
int a=1, b=2 ;    printf ("%f", a/b);
```

13. 若想通过下面的输入语句使 a=5.0 , b=4 , c=3，则输入数据的形式是______。

```
int b , c ;   float a ;   scanf("%f , %d , c=%d", &a , &b ,&c);
```

3.4.3　阅读程序写结果题

1.
```
main()
  {printf("This \tis\ta\tC\tprogram.\n"); }
```

2.
```
main()
{char x='a',y='b';     printf("%d\\%c\n",x,y);
printf("x=\'%3x\',\'%-3x'\n",x,x);
}
```

3.
```
main()
{int k=65; printf("k=%d,k=%0x,k=%c\n",k,k,k);}
```

4.
```
#include<stdio.h>
main()
{int a=3,b=4,c=12; printf("%d× %d=%d",a,b,c);}
```

5.
```
main()
{short integer1,integer2;    float sum1,sum2,sum;    char c;
 integer1=65;    integer2=-3;
 sum1=234.5;     sum2=18.75;     sum=sum1+sum2;
 c='A';
 printf("%d %c %d %o %f %c %d ", integer1,integer1,integer2,integer2,sum,c,c);
 printf("%s", "good!");
}
```

6.
```
main()
{char c1='a',c2='b',c3='c',c4='\101',c5='\116';
   printf("a%c b%c\t%c\t abc\n",c1,c2,c3);
   printf("\t\b%c %c\n",c4,c5);
}
```

3.4.4　编写程序题

1. 使用 scanf 函数输入圆柱的半径和高，计算圆周长、圆面积、圆球表面积、圆球体积、圆柱体积，输出计算结果，输出时要有文字说明，取小数点后两位数字。

2. 输入一个华氏温度值 f，要求按照公式 c=(5/9)*(f-32)计算并输出摄氏温度值 c。输出要有文字说明，取两位小数。

3. 用 getchar 函数读入两个小写英文字母给变量 c1，c2，然后分别用 putchar()函数和 printf()函数输出这两个小写英文字母以及对应的大写英文字母。

4. 输入整型变量 m、n 的值，计算 m 除以 n 的商和余数，然后输出商和余数。

5. 从键盘上输入长方体的长、宽、高，输出长方体的体积与表面积的比值。

6. 试用计算机绘制一个由星号*组成的如下图案。

```
   *
  ***
 *****
*******
```

7. 编写一个程序，要求用户输入两个值，读取用户输入的值，然后打印出这两个数的和、积、差、商和余数。

8. 已知三角形的三个顶点坐标为(1.5，2)、(3，1)、(2.1，4)，求该三角形的重心坐标和各边长度。

提示：

已知三角形的三个顶点，则该三角形的重心 G 点的坐标为 $x_G=(x_1+x_2+x_3)/3$，$y_G=(y_1+y_2+y_3)/3$。

分析：本题要用到求平方根函数 sqrt()，因此，一定要包含数学库头文件 math.h。

9. 鸡兔同笼问题：已知笼中有头 h 个，有腿 f 条，问笼中鸡兔各有多少只？试编程求解。

10. 编写一个程序，根据本金 a，存款年数 n 和年利率 p 计算到期利息。计算公式如下。

(1) 到期利息公式：$a\times(1+p)^n-a$。

(2) a^b 的计算公式：$\exp(b\times\ln(a))$。

11. 已知平面上两点的坐标分别是(4，6)和(8，－6)，编程求它们中点的坐标。

12. 已知函数 y=3x－2，编程计算 x 分别取－2.5、0.3、3.6 时的 y 值。

13. 已知函数 z=2x+3y－4xy，根据输入的 x 和 y 值，编程计算 z 值。

3.5　习题参考答案

3.5.1　单项选择题答案

1. C　2. D　3. B　4. A　5. B　6. B　7. D　8. B　9. B　10. A
11. B　12. A　13. C　14. D　15. D　16. D　17. A　18. D　19. D　20. B

3.5.2　填空题答案

1. MAYA,35.175,12346　　2. 12.77　A　79

3. 2,1,1　2,2,2　3,1,1　　4. 31,37,1f,31

5. (1) i=8,j=9　(2) i=10,j=11　(3) i=8,j=9　(4) i=00000008d,j=9
(5) x=　　123.46,x=　　1.2e+02

6. 32　3　　7. (1) &a,&b　(2) a=b

8. (1) t　(2) &a,&b,&c　(3) t=a　(4) c=t

9. k1=－1, k2=65535

10. x=1234.568, y=1.2346e+03

11. 65,41,00000111

12. 0.000000

13. 5，4，c=3

3.5.3　阅读程序写结果题答案

1. This　　is　　a　　C　　program.

2. 97\b

   x='61', '61'

3. k=65,k=41,k=A

4. 3×4=12

5. 65 A　－3 177775 253.250000 A 65 good!

6. aa bb　　c　　　　abc

   A N

3.5.4　编写程序题参考答案

1.
```
main()
  {float pi,h,r,l,s,sq,sq,sz;     pi=3.1415926;
   printf("请输入圆半径 r, 圆柱高 h:\n"); scanf("%f,%f',&r,&h);
   l=2*pi*r;     s=r*r*pi;     sq=4*pi*r*r;
   sq=4.0/3.0*pi*r*r*r;     sz=pi*r*r*h;
   printf("圆周长为:        l=%6.2f\n",l);
   printf("圆面积为:        s=%6.2f\n",s);
   printf("圆球表面积为:   sq=%6.2f\n",sq);
   printf("圆球体积为:      sq=%6.2f\n",sq);
   printf("圆柱体积为:      sz=%6.2f\n",sz);
  }
```

2.
```
main()
 {float c,f;
  printf("请输入一个华氏温度：\n");     scanf("%f",&f);
  c=(5.0/9.0*(f-32);     printf("摄氏温度为: %5.2f\n",c);
 }
```

3.
```
#include<stdio.h>
main()
  {char c1,c2;
   printf("请输入两个字符：\n");    c1=getchar();    c2=getchar();
   printf("用 putchar 语句输出结果为: \n");
   putchar(c1); putchar(c1-32);       putchar(c2); putchar(c2-32);
   printf("\n");
   printf("用 printf 语句输出结果为: \n");
   printf("%c，%c\n",c1,c2); printf("%c，%c\n",c1-32,c2-32);
   }
```

4.
```
#include <stdio.h>
main()
{ int    m,n,s,y;
  printf("m="); scanf("%d",&m);
```

```
    printf("n="); scanf("%d",&n);
    s=m/n; y=m%n;
    printf("%d 除以%d 的商是%d,余数是%d. ",m,n,s,y);
  }
```

5.
```
#include<stdio.h>
  main()
  { float a,b,c,s,v;
   printf("请输入长方体的长、宽、高 a,b,c=");
   scanf("%f，%f，%f",&a,&b,&c);
   printf("长方体的长、宽、高为: %f,%f,%f\n",a,b,c);
   s=2*(a*b+a*c+b*c);    v=a*b*c;
   printf("体积与表面积之比=%f\n",v/s);
  }
```

6.
```
#include <stdio.h>
  main()
  { printf("            *");
   printf("           ***");
   printf("          *****");
   printf("         *******");
  }
```

7.
```
#include<stdio.h>
 main()
 {int num1,num2;
  printf("input two number:");    scanf("%d,%d",&num1,&num2);
  printf("两数之和=%d\n",num1+num2);
  printf("两数之积=%d\n",num1*num2);
  printf("两数之差=%d\n",num1-num2);
  printf("两数之商=%d\n",num1/num2);
  printf("两数之余数=%d\n",num1%num2);
 }
```

8.
```
#include<stdio.h>
  #include<math.h>
  main()
  {float x1=1.5,y1=2.0,x2=3.0,y2=1.0,x3=2.1,y3=4.0,x,y,l1,l2,l3;
  x=(x1+x2+x3)/3; y=(y1+y2+y3)/3;
  l1=sqrt((x2-x1)*(x2-x1)+(y2-y1)*(y2-y1));
  l2=sqrt((x3-x1)*(x3-x1)+(y3-y1)*(y3-y1));
  l3=sqrt((x2-x3)*(x2-x3)+(y2-y3)*(y2-y3));
  printf("(%f,%f)\n",x,y);

 printf("l1=%f\n l2=%f\n l3=%f\n",l1,l2,l3);
  }
```

9. 分析：根据题意，先将方程组列出。根据方程组的求解过程，编写 C 语言程序。

设有 chick 只鸡，rabbit 只兔，则有 2*chick+4*rabbit=f，chick+rabbit=h。

解出：rabbit=(f –2*h)/2，chick=(4*h–f)/2。

```
#include<stdio.h>
main()
```

```
{int chick,rabbit,h,f;
  printf("input h,f");        scanf("%d,%d",&h,&f);
  rabbit=(f-2*h)/2;          chick=(4*h-f)/2;
  printf("chick=%d rabbit=%d \n",chick,rabbit);
 }
```

10.
```
#include<stdio.h>
#include"math.h"
main()
{ int n;
  float a,p,acc;        printf("a,n,p=");
  scanf("%f,%d,%f",&a,&n,&p);
  acc=a*exp(n*log(1.0+p))-a;
  printf("Accrual=%-10.2f\n",acc);
}
```

11. 分析：设两个已知点的坐标分别为(x1,y1)和(x2,y2)，中点坐标为(x,y)，那么：x=(x1+x2)/2, y=(y1+y2)/2。

```
 #include<stdio.h>
 main()
{float x,y,x1=4,y1=6,x2=8,y2=-6;
 x=(x1+x2)/2; y=(y1+y2)/2;
 printf("中点坐标为(%f,%f)。\n",x,y);
 }
```

12.
```
#include<stdio.h>
main()
{ float x1=2.5, x2=0.3, x3=3.6, y;
  y=3*x1-2;   printf("x=%f,y=%f\n",x1,y);
  y=3*x2-2;   printf("x=%f,y=%f\n",x2,y);
  y=3*x3-2;   printf("x=%f,y=%f\n",x3,y);
}
```

13.
```
#include "stdio.h"
main()
{ float x, y, z;
  scanf("%f, %f", &x, &y);
  z=2*x+3*y-4x*y;
  printf("%f\n",z);
}
```

第4章　选择结构程序的设计

4.1　本 章 要 点

4.1.1　关系运算符与关系表达式

1. C 语言中的逻辑值

关系运算和逻辑运算的运算结果都是逻辑值。逻辑值只有“真”和“假”两种取值，非 0 代表“真”；0 代表“假”，C 语言中没有专门的逻辑值。

关系运算实际上就是比较运算，即将两个值进行比较，比较的结果为“真”或为“假”。

2. 关系运算符

C 语言共提供了 6 种关系运算符，如表 1-4-1 所示。

表 1-4-1　关系运算符

操 作 符	>	>=	<	<=	==	!=
作　　用	大于	大于等于	小于	小于等于	等于	不等于

注意：

(1) 关系运算符的优先级低于算术运算符。

(2) 关系运算符的优先级高于赋值运算符。

(3) 关系运算符的结合方向全是从左到右。

3. 关系表达式

由关系运算符和运算对象组成的表达式，称为关系表达式。关系表达式中的运算对象可以是 C 语言中的任何合法的表达式。

在 C 语言中，关系表达式的值是一个逻辑值，规定：对于“真”值用数字 1 来表示，对于“假”值用数字 0 来表示，当关系成立时，值为 1，否则值为 0。

4.1.2　逻辑运算符与逻辑表达式

关系表达式只能实现单一的判断功能，若要实现复合判断功能，必须用逻辑表达式。

1. 逻辑运算符

C 语言提供了 3 种逻辑运算符，如表 1-4-2 所示。

表 1-4-2　逻辑运算符

操 作 符	&&	||	!
作　　用	逻辑与	逻辑或	逻辑非

注意：

(1) ||(逻辑或)和&&(逻辑与)是双目运算符，而！(逻辑非)是单目运算符。

(2) ||(逻辑或)和&&(逻辑与)的结合方向是自左向右，而！(逻辑非)的结合方向是自右向左的。

(3) 各种常见运算符之间的优先顺序从高到低排列依次是：逻辑非(！)、算术运算符、关系运算符、逻辑与(&&)、逻辑或(||)、赋值运算符(=)。

2. 逻辑表达式

由逻辑运算符和运算对象组成的表达式称为逻辑表达式，逻辑表达式的值是逻辑值。

注意：

在对逻辑表达式进行求值运算的过程中，并不是所有的表达式都要进行运算，在一些情况下只对其中一部分进行运算。

(1) 对逻辑与(&&)运算符来说，只有在其左边表达式的值为“真”的情况下，才会计算右边表达式的值。

(2) 对逻辑或(||)运算符来说，只有在其左边表达式的值为“假”的情况下，才会计算右边表达式的值。

4.1.3　二分支选择结构——if 语句

1. 简单的 if 语句

```
if (表达式)    语句
```

上述结构表示：先判断表达式的值，如果结果为真(非 0)，则执行表达式后面的语句，然后再执行 if 语句的下一条语句，否则跳过 if 语句直接执行 if 语句的下一条语句。

2. 标准的 if 语句

```
if(表达式)    语句 1;
else      语句 2;
```

上述结构表示：如果表达式的值为非 0(真)，则执行语句 1；如果表达式的值为 0(假)，则跳过语句 1 而执行语句 2。语句 1 或语句 2 只能有一个被执行。

使用标准的 if 语句时注意下面两点。

(1) 条件执行语句中“else 语句 2;”部分是选择项，可以省略，此时条件语句变成：

if(表达式)　语句 1;　(即上面简单的 if 语句情况)

(2) 当语句 1 或语句 2 包括多条语句时，必须使用{和}把这些语句包括在其中，此时条件语句的形式如下。

```
if(表达式) {  语句体 1; }
else {  语句体 2; }
```

3. 可实现多种选择的 if 语句

一般形式如下。

```
if(表达式 1)     语句 1;
else if (表达式 2)   语句 2;
else if (表达式 3)    语句 3;
    …
else if (表达式 n)    语句 n;
else   语句 n+1;
```

这种结构是从上到下逐个对条件进行判断，一旦发现某个表达式为真就执行与之相对应的语句，若所有表达式都为假，则执行最后一个 else 后的语句 n+1。

若某个表达式为真时有多条语句要执行，必须使用{和}把这些语句括起来。同时要注意：if 后面的表达式可以为单个的数字或字母，如“if(1)　a+=b;”。

4.1.4　条件运算符和条件表达式

C 语言中还提供了条件表达式来实现选择结构，使得语句更紧凑。

1. 条件运算符

条件运算符是 C 语言中唯一的一个三目运算符，由符号？和：组成。

2. 条件表达式

条件表达式的一般形式如下。

```
<表达式 1>?<表达式 2>:<表达式 3>
```

其执行过程是：先求表达式 1 的值，如果表达式 1 的值为真，则求表达式 2 的值，并把表达式 2 的值作为整个表达式的值；如果表达式 1 的值为假，则求表达式 3 的值，并把表达式 3 的值作为整个表达式的值。条件表达式可以代替某些 if-else 形式的语句。

示例代码如下。

```
main()
{ int x, y;    x=50;   y=x>78?123:45; printf("%d", y); }
```

本例中，y 将被赋值 45，如果 x=80，y 将被赋值 123。

4.1.5　多分支选择结构——switch 语句

在编写程序时，经常会碰到按不同情况分转的多路问题，这时可以用嵌套 if-else-if 语句来实现，但 if-else-if 语句容易出错。C 语言提供了一个 switch 语句来处理这种情况，switch 语句也称开关语句。

switch 语句的语法格式如下。

```
switch(表达式)
  {  case 常量表达式 1:   语句 1 或空;
     case 常量表达式 2:   语句 2 或空;
         ……
     case  常量表达式 n:   语句 n 或空;
     default:     语句 n+1 或空;
  }
```

执行 switch 开关语句时，先计算表达式的值，再将表达式的值逐个与 case 后的常量表达式进行比较，如果与某一个相等，则执行该常量表达式后面的语句，若不与任何一个常量表达式的值相等，则执行 default 后面的语句。当遇到 break 语句时，跳出 switch 结构，直接将程序流程转向 switch 结构外的下一条语句。

注意：

(1) switch 后面的表达式的类型一般为整型、字符型或枚举类型。

(2) 冒号“：”与其两边的字符要用空格分开，否则系统会报错。

(3) 可以省略一些 case 和 default。

(4) 每个 case 或 default 后的语句可以是一条语句，也可以是若干条语句，且不需要使用“{”和“}”括起来。

(5) 多个 case 可以共用一组执行语句。例如，下面的常量表达式等于 1、2、3 时，都执行语句“x=a*b;”。

```
case 1:
case 2:
case 3:   x=a*b;
```

(6) 各个 case 语句和 default 语句出现的次序不影响程序的执行结果。

(7) 冒号后如果有语句，则该语句后面要加上一条 break 语句，以便实现特定功能后，能够跳出 switch 结构。

4.2　本 章 难 点

4.2.1　if 语句的嵌套

条件语句可以嵌套，嵌套语句容易出错，原因是不知道哪个 if 对应哪个 else。

示例代码如下。

```
if (x>20||x<-10)
if (y<=100&&y>x)   printf("Good");
else   printf("Bad");
```

对于上述情况，规定：else 语句与它上面最近的一个 if 语句相匹配，上例中的 else 与 if(y<=100&&y>x)相匹配。

为了使 else 与 if(x>20||x< - 10)相匹配，建议用大括号括起来，如下所示。

```
if(x>20||x< - 10)
     {if(y<=100&&y>x)   printf("Good"); }
else printf("Bad");
```

4.2.2 条件表达式的使用

(1) 条件运算符的优先级高于赋值运算符，但低于关系运算符和算术运算符。

例如，y=x>10?100:200; 相当于 y=(x>10?100:200);

由于赋值运算符优先级较低，因此先计算条件表达式的值，然后再赋给 y。

再如，y=x>0?x+1:x*x/2; 相当于 y=((x>0)?(x+1):(x*x/2));

(2) 条件运算符的结合方向是自右至左，允许嵌套。

例如，a>b?a:c>d?c:d; 相当于 a>b?a:(c>d?c:d)

(3) 在条件表达式中，当表达式 2 与表达式 3 的类型不同时，条件表达式的值类型为二者中较高的数据类型。如下例中由于实型高于整型，所以 x>10?i+1:f+1 的值类型为实型。

```
int   i=2;   float f=3.0;
y=x>10?i+1:f+1;
```

4.2.3 switch 语句和 break 语句的使用

单独使用 switch 语句并不能起到分支的作用，因为当关键字 switch 后面表达式的值与 case 后面常量表达式的值相等时，系统就找到了入口的标号，将执行此标号后的所有语句，直到执行完 switch 结构的最后一条语句，才跳出 switch 结构。所以，C 语言提供了 break 语句，使程序在指定位置跳出 switch 语句，从而实现了选择结构程序设计。

break 语句也称间断语句，通常用在循环语句和开关语句中。当 break 用于开关语句 switch 中时, 可以使程序跳出 switch 而执行 switch 后面的语句。

注意：

(1) break 语句只能从循环语句和 switch 语句中跳出，不能从 if-else 条件语句中跳出。

(2) 在多层循环和 switch 语句中，一个 break 语句只能向外跳一层。

4.3 例题分析

例 4.1　为了表示关系 x≥y≥z，应使用下面哪个 C 语言表达式？(　　)

A. (x>=y)&& (y>=z)　　B. (x>=y)||(y>=z)

C. (x>=y)&& (x>=z)　　D. (x>=y)||(x>=z)

解：C 语言中表示两个条件同时成立时，要用逻辑运算符中的逻辑与，其符号表示为&&，因此只有 A 和 C 有可能是正确答案，而 C 不符合原题意。故 A 为正确答案。

例 4.2　从键盘上输入一个字符，使用 if 语句判断字符类型并输出。

解：根据输入字符的 ASCII 码来判别其类型。由 ASCII 码表可知，ASCII 码值小于 32 的为控制字符；在 48 和 57 之间的为数字 0~9；在 65 和 90 之间的为大写字母 A~Z；在 97 和 122 之间的为小写字母 a~z；大于 122 的为其他字符。采用嵌套 if 语句来实现题目要求。

程序代码如下。

```
#include<stdio.h>
main()
{char c;
 printf("input a character:");   c=getchar();
 if (c<32)                        /* ASCII 码值小于 32，该字符为控制字符*/
    printf("This is a control character\n");
 else if (c>=48&&c<=57)        /*该字符为数字*/
    printf("This is a digit:%c\n",c);
 else if (c>=65&&c<=90)         /*该字符为大写字母*/
    printf("This is a capital letter%c \n",c);
 else if (c>=97&&c<=122)         /*该字符为小写字母*/
    printf("This is a small letter%c \n",c);
 else printf("This is an other character\n");   /*该字符为其他字符*/
 }
```

例 4.3　编程实现两个实数的加、减、乘、除四则运算。

解：本题是一个典型的多路分支选择问题，根据输入的四则运算符分别进行不同的运算，可以采用 switch 结构语句来实现。程序代码如下。

```
main()
{ float a,b,s;   char c;
  printf("\ninput expression:a+(or-or*or/)b:");
  scanf("%f%c%f",&a,&c,&b);
  switch(c)
     {case '+' : printf("\na+b=%f",a+b);break; /*字符为"+"，做加法操作*/
      case '-' : printf("\na-b=%f",a–b);break; /*字符为"–"，做减法操作*/
      case '*' : printf("\na*b=%f",a*b);break; /*字符为"*"，做乘法操作*/
      case '/' : printf("\na/b=%f",a/b);break; /*字符为"/"，做除法操作*/
      default : printf("\ninput error!"); /*非以上字符，输出错误提示信息*/
  }
}
```

例 4.4 从键盘输入 x 的值，计算并打印下列分段函数 y 的值。

y=0 (当 x<60 时)
y=1 (当 60<=x<70 时)
y=2 (当 70<=x<80 时)
y=3 (当 80<=x<90 时)
y=4 (当 x>=90 时)

解： 程序代码如下。

```
main()
{   float x;     scanf("%f",&x);
    if (x<60)                    printf("y=0\n");
    if (x>=60 && x<70)     printf("y=1\n");
    if (x>=70 && x<80)     printf("y=2\n");
    if (x>=80 && x<90)     printf("y=3\n");
    if (x>=90)                  printf("y=4\n");
}
```

也可以编写为如下形式。

```
main()
{   float x;     scanf("%f",&x);
    if (x<60)              printf("y=0\n");
    else if (x<70)     printf("y=1\n");
    else if (x<80)     printf("y=2\n");
    else if (x<90)     printf("y=3\n");
    else                     printf("y=4\n");
}
```

例 4.5 本程序演示从键盘输入年号和月号，然后输出该月的天数。

解： 每年的 1、3、5、7、8、10、12 七个月的天数是 31 天，4、6、9、11 四个月是 30 天，2 月份的天数闰年为 29 天，平年为 28 天。是否为闰年的判断规则为：如果年份能被 4 整除但不能被 100 整除或者能被 400 整除，则此年为闰年，否则为平年。程序代码如下。

```
main()
{int year,month,day=0;
  printf("input year ,month:\n");
  scanf("%d，%d",&year,&month);
        if(month==1||month==3||month==5||month==7||month==8||month==10||month==12)
            day=31;
        if (month==4||month==6||month==9||month==11)
            day=30;
        if (month==2)
        if(year%4==0 && year%100!=0 ||year%400==0)    day=29;
        else    day=28;
        printf("days=%d",day);
        }
```

例 4.6 输入一个不多于 5 位的正整数，要求如下。

(1) 求出它的位数并输出；(2) 按逆序输出它的每一位数码。

例如，输入“56789”，输出“5，98765”。

```
main()
{ long int shu;    int ge,shi,bai,qian,wan,wei;
   printf("请输入一个正整数(1--99999): ");    scanf("%ld",&shu);
   if   (shu>9999)   wei=5;
   else if   (shu>999)   wei=4;
   else if   (shu>99)   wei=3;
   else if   (shu>9)   wei=2;
   else   wei=1;
   printf("输入的数%ld 是%d 位数\n",shu,wei);
   wan=shu/10000;
   qian=(shu-wan*10000)/1000;
   bai=(shu- wan*10000- qian *1000)/100;
   shi=shu%100/10;
   ge=shu%10;
   printf("\n 按逆序输出为: ");
   switch(wei)
      {case   5:   printf("%d%d%d%d%d\n",ge,shi,bai,qian,wan);    break;
       case   4:   printf("%d%d%d%d\n",ge,shi,bai,qian); break;
       case   3:   printf("%d%d%d\n",ge,shi,bai); break;
       case   2:   printf("%d%d\n",ge,shi); break;
       case   1:   printf("%d\n",ge); break;
      }
}
```

4.4 习　　题

4.4.1 单项选择题

1. 在如下程序段中，if 语句中的!a 与(　　)作用相同。

```
int a=0;   if (!a)    printf("ok");
```

A. a!=0　　B. a==0　　C. a>0　　D. a==1

2. 在 C 语言中，逻辑“真”等价于(　　)。

A. 大于零的数　　B. 大于零的整数

C. 非零的数　　D. 非零的整数

3. 在 C 语言中，switch 后的括号内表达式的值可以是(　　)。

A. 只能为整型　　B. 可以为整型、字符型、实型、枚举型

C. 只能为字符型　　D. 只能为实型

4. C 语言的 switch 语句中 case 后(　　)。

A. 只能为常量

B. 只能为常量或常量表达式

C. 可为常量及表达式或有确定值的变量及表达式

D. 可为任何量或表达式

5. 在 C 语言的 if 语句中，用作判断的表达式为(　　)。

A. 任意表达式　　B. 表达式　　C. 关系表达式　　D. 算术表达式

6. 在如下程序段中，若输入 5，则(　　)。

```
int x; scanf("%d", &x);
if (x++)
else printf ("%d",x--);
```

A. 输出 3　　B. 输出 4　　C. 输出 5　　D. 输出 6

7. 有字符型变量 str，下列判断 str 为大写字母或小写字母正确的一项是(　　)。

A. str>=65&&str<=90||str>=97&&str<=122

B. (str>65&&str<90)||(str>97&&str<122)

C. 65<=str<=90||97<=str<=122

D. (str>=65||str<=90)||(str>=97||str<=122)

8. 请阅读下面的程序，判断其运行结果为(　　)。

```
main( )
 { char c='A';
    if ('0'<=c<='9')   printf"YES");
    else   printf("NO");
  }
```

A. YES　　B. NO　　C. YESNO　　D. 语句错误

9. 以下程序说法正确的是(　　)。

```
main( )
 { int   a=5,b=0,c=0;
    if (a=b+c)      printf("***\n");
    else               printf("$$$\n");
 }
```

A. 有语法错不能通过编译　　B. 可以通过编译但不能通过链接

C. 输出***　　D. 输出$$$

10. 与“y=(x>0 ? 1 : x<0 ? –1 : 0);”的功能相同的 if 语句是(　　)。

A.
```
if ( x>0 ) y=1 ;
else if ( x<0 )   y= - 1 ;
else   y=0 ;
```

B.
```
if ( x )
if ( x>0 )   y=1 ;
else if ( x<0 )   y=-1 ;
else y=0 ;
```

C.
```
y= - 1 ;
if ( x )
if ( x>0 )   y=1;
else if ( x==0)   y=0;
else   y=-1 ;
```

D.
```
y=0 ;
if ( x>=0)
if ( x>0)   y=1;
else y=-1 ;
```

11. 以下程序的输出结果是(　　)。

```
main()
 {     int    a=-1 ,b=1 ;
      if ((++a<0 ) && !( b--<=0))    printf ("%d        %d\n", a ,b );
      else   printf("%d      %d \n", b , a) ;
}
```

A. －1　1　　B. 0　1　　C. 1　0　　D. 0　0

12. 以下程序段用来求较大数和较小数，其中变量 a 和 b 中存储两个不同的数。将较大数放在 max 中，将较小数放在 min 中，语法、逻辑都正确的是(　　)。

A. if (a<b)　max=b　else　max=a;

B. if (a<b)　max=b;　min=a;

```
else        max=a;   min=b;
```

C. max=min=a ;

```
if (b<min) min=b;
  if (a>max) max=a;
```

D. max=a;　min=b;

```
if (a<b)     max=b;
  if (a<b)     min=a;
```

13. 当 a=1，b=3，c=5，d=4 时，执行下面一段程序后，x 的值为(　　)。

A. 1　　B. 2　　C. 3　　D. 6

```
if ( a<b )
 if ( c<d )     x=1 ;
   else
        if ( a<c )
              if ( b<d )    x=2 ;
          else    x=3 ;
    else    x=6 ;
   else    x=7 ;
```

14. 若有定义“float　x,y; int　a,b;”，则正确的 switch 语句是(　　)。

A.
```
switch(x)
{ case 1+y: printf("*\n");
  case 2:   printf("**\n");
}
```

B.
```
switch(x)
{ case 1,2: printf("*\n");
     case 3: printf("**\n");
}
```

C.
```
switch(a+b)
{ case 1:   printf("*\n");
  case 1+2: printf("**\n");
}
```

D.
```
switch(a+b);
{ case 1-a: printf("*\n");
   case 2*b: printf("**\n");
}
```

15. 下面程序的输出是(　　)。

```
main()
{ int x=100,a=10,b=20,OK1=5,OK2=0;
  if (a<b)
    if (b!=15)
      if (!OK1) x=1;
      else if (OK2) x=10;
  x=-1;
  printf("%d\n",x);
}
```

A. －1　　B. 0　　C. 1　　D. 不确定的值

16. 假设所有变量均已正确说明，下列程序段运行后，x 的值是(　　)。

```
a=b=c=0; x=35;
if (!a)   x--;
else if (b);
if (c)   x=3;
else   x=4;
```

A. 34　　B. 4　　C. 35　　D. 3

17. 已知 ch 是 char 型变量，其值为'A'，那么下面表达式的值是(　　)。

```
ch=(ch>='A'&&ch<='Z')?(ch+32):ch
```

A. A　　B. a　　C. Z　　D. z

18. 设有语句“int x=3,y=4,z=5;”，则下列表达式中值为 0 的是(　　)。

A. x&&y　　B. x<y　　C. x||y+z&&y-z　　D. !((x<y)&&!z||1)

19. 有定义“int a=3,b=4,c=5;”，执行完表达式 a++>--b&&b++>c--&&++c 后，a，b，c 的值分别为(　　)。

A. 3 4 5　　B. 4 3 5　　C. 4 4 4　　D. 4 4 5

20. 若有“int i=10,j=0;”，执行下列程序段后，变量 i 的值是(　　)。

```
switch( i )
{    case 9 :   i+=1;break;
     case 10:
     case 11:   i=2;break;
     default:   j+=3;break;
}
```

A. 1　　B. 2　　C. 10　　D. 11

4.4.2　填空题

1. 多分支选择可以用嵌套的 if 语句和________语句来实现。

2. 结构化程序设计的基本结构有 3 种，分别是顺序结构、______结构和______结构。

3. 在嵌套的 if 语句中，为了保证在语法上不出现歧义，if 语句总是和_______的 else

语句相匹配。

4. break 语句只能用于_______语句和_______语句。

5. 判断闰年的条件是：若此年是 4 的倍数并且不是 100 的倍数，或是 400 的倍数，则是闰年，将此条件写成逻辑表达式为_______________________。

6. 如下语句在编译时_______(填“会”或者“不会”)报错。

```
float x ; if(x>0) printf("%d",x);
```

7. 如下语句在编译时_______(填“会”或者“不会”)报错。

```
if(a=b)   a++;
```

8. 左下面 if 语句与右下面 if 语句的作用_______(填“相同”或者“不相同”)。

```
if (x<0)    y=x+8;                     if (x<0)    y=x+8;
else if (x<32)    y=6*x;                else if (x>=0 && x<32)    y=6*x;
else if (x<89)    y=5-x;               else if (x>=32 && x<89)    y=5-x;
else    y=7*x*x;                           else    y=7*x*x;
```

9. 对于数学表达式 m=n>1，可以用 C 语言表达式______________表示。

10. 已知 48 是'0'的 ASCII 码，执行下面代码之后，变量 b 中存储的是字符_______。

```
int a=48;   char b,c;   c=a;   b=c ? c+3 : a+5
```

4.4.3 阅读程序写结果题

1.
```
# include"stdio.h"
main()
    { int a, b, c;    a=2; b=3; c=1;
     if (a>b)
         if (a>c)    printf("%d\n",a);
         else    printf("%d\n",b);
     printf("end\n");
}
```

2.
```
# include"stdio.h"
main()
    {int a,b,c,d,x;    a=c=0;    b=1;d=20;
     if (a)    d=d-10;
     else    if    (!b)
        if    (!c)    x=15;
        else    x=25;
     printf("d=%d\n",d);
}
```

3.
```
# include "stdio.h"
main()
    {int s=1,t=1,a,b;    scanf("%d,%d",&a,&b);
     if    (a>0)    s=s+1;
     if    (a>b)    t=s+t;
```

```
else   if   (a==b)   t=5;
       else   t=2*s;
       printf("s=%d,t=%d\n",s,t);
}
```

运行时输入 2，3

4.
```
# include"stdio.h"
main()
   {int x=1,y=0;
    switch(x)
     { case 1: switch(y)
                  { case 0: printf("first\n");break;
                    case 1: printf("second\n");break;
                  }
       case 2: printf("third\n");
     }
   }
```

5. 分别写出以下程序在输入－10 或 5 或 10 或 30 后的执行结果。

```
#include"stdio.h"
main()
   {int x,c,m;   float y;   scanf("%d",&x);
    if (x<0)   c=-1;
    else   c=x/10;
    switch (c)
    {case -1: y=0; break;
     case 0: y=x; break;
     case 1: y=10; break;
     case 2:
     case 3: y=-0.5*x+20; break;
     default: y=-2;
    }
    if (y!=-2)   printf("y=%g\n",y);
    else   printf("error!\n");
   }
```

6.
```
# include"stdio.h"
main()
{int a=2,b=7,c=5;
 switch (a>0)
 { case 1:   switch (b<0)
                {case 1: printf("@");break;
                 case 2: printf("!");break;
                }
       case 0: switch (c==5)
                {case 0: printf("*");break;
                 case 1: printf("#");break;
                 default: printf("$");break;
                }
       default: printf("&");
```

```
    }
    printf("\n");
  }
```

7.
```
# include "stdio.h"
main()
  { int a,b,c;   a=b=c=0;
    if (++a||b++||c++)   printf("%d,%d,%d",a,b,c);
   else   printf("OK");
  }
```

4.4.4　编写程序题

1. 输入 3 个正数，判断能否构成三角形。

2. 从键盘输入两个整数，分别赋给 a、b (a<b)，判断 a 是否为 b 的平方根。

3. 输入一个整数，判断它能否被 3 整除，并输出判断结果。

4. 输入 4 个整数，要求按从小到大的顺序输出。

5. 输入一个 3 位数整数，判断它的个位数码是否小于 7，并且十位数码能否被 3 整除及百位数码的平方是否大于 20，若以上条件满足则输出 YES，否则输出 NO。

6. 编写程序计算邮费，邮件重量从键盘输入。邮件计费标准每克为 0.05 元，超过 100 克后，超出部分每克为 0.02 元。

7. 从键盘输入 x 的值，用 if 语句编写程序计算下列分段函数的值。

$$y=\begin{cases} x & (x<1) \\ 2x-1 & (1<=x<10) \\ 3x-11 & (x>=10) \end{cases}$$

8. 用 switch 语句编写解决下面问题的程序。

从键盘输入字符 A 时，输出“考核成绩优秀”；输入字符 B 或 C 时，输出“考核成绩良好”；输入字符 D 或 E 时，输出“考核成绩及格”；输入其他英文字符时，输出“考核成绩不及格”；若输入非英文字符时，输出“输入错误”。

9. 输入一百分制成绩，要求输出成绩的等级 A、B、C、D、E。90 分及 90 分以上为 A，大于等于 80 分且小于 90 分为 B，大于等于 70 分且小于 80 分为 C，大于等于 60 分且小于 70 分为 D，小于 60 分的为 E。

10. 输入一个年份和月份，判断出该月份有多少天(考虑闰年)，用 switch 语句编程实现。

11. 已知平面上三点的坐标分别是(2,4)、(4,8)和(-1,-2)，判断这三点是否共线。

12. 已知平面上两点的坐标分别是(3,7)和(9,2)，判断这两点的距离是否大于 9。

4.5　习题参考答案

4.5.1　单项选择题答案

1. B　2. C　3. B　4. B　5. A　6. D　7. A　8. A　9. D　10. A

11. C　12. D　13. B　14. C　15. A　16. B　17. B　18. D　19. B　20. B

4.5.2 填空题答案

1. switch　　2. 分支　循环　　3. 离它最近的下一个语句中
4. 循环，switch　　5. (year%4==0&&year%100!=0)||(year%400==0)
6. 不会　　7. 不会　　8. 相同
9. m==n && m>1　　10. 3

4.5.3 阅读程序写结果题答案

1. end　　2. d=20　　3. s=2,t=4　　4. first　third
5. y=0, y=5, y=10,y=5　　6. #&　　7. 1,0,0

4.5.4 编写程序题参考答案

1.
```
main()
  { float a,b,c ;
    printf("a,b,c:"); scanf ("%f,%f,%f",&a,&b,&c);
    if (a+b>c && a+c>b && b+c>a )   printf("true\n");
    else   printf("false\n");
  }
```

2.
```
#include<stdio.h>
  main()
  {int a,b;
   printf("a,b=");   scanf("%d,%d",&a,&b);
   if (a*a==b)   printf("%d 是%d 的平方根.\",a,b);
   else   printf("%d 不是%d 的平方根.\n",a,b);
  }
```

3.
```
#include<stdio.h>
    main()
    { int num;   printf("num=");    scanf("%d",&num);
     if (num%3==0)   printf("Right!");
     else   printf("False!");
    }
```

4.
```
main()
  { int t,a,b,c,d;   scanf("%d,%d,%d,%d",&a,&b,&c,&d);
   printf("\n\na=%d,b=%d,c=%d,d=%d\n",a,b,c,d);
   if (a>b) {t=a;a=b;b=t;}
   if (a>c) {t=a;a=c;c=t;}
   if (a>d) {t=a;a=d;d=t;}
   if (b>c) {t=b;b=c;c=t;}
   if (b>d) {t=b;b=d;d=t;}
   if (c>d) {t=c;c=d;d=t;}
   printf("\n 从小到大排序为: %d    %d    %d    %d \n",a,b,c,d);
  }
```

```
5. main()
  {int t,a,b,c;
   printf("t="); scanf("%d",&t);
   a=t%10;   b=t/10%10;   c=t/100;
   if ((a<7)&&(b%3==0)&&(c*c>20))   printf("YES");
   else   printf("NO");
  }
```

```
6. #include<stdio.h>
     main()
      {float x,y;
       printf("邮件重量=");   scanf("%f",&x);
       if(x<=100) y=0.05*x;
       else     y=0.05*100+(x-100)*0.02;
       printf("邮费=%.2f\n",y);
     }
```

```
7. main()
   { int x, y;    printf("input x: ");   scanf("%d",&x);
    if (x<1)              { y=x;   printf("x=%d, y=x=%d\n",x,y);   }
    else if (x<10)        { y=2*x-1;   printf("x=%d, y=2*X-1=%d\n",x,y); }
    else                  { y=3*x-11;   printf("x=%d, y=3*x-11=%d\n",x,y); }
   }
```

```
8. #include<stdio.h>
   main()
    {char ch;
     printf("input a character:");   scanf("%c",&ch);
     if (!(ch>='a'&&ch<='z'||ch>='A'&&ch<='Z') )    printf("输入错误\n");
     else
      switch(ch)
      { case 'A': case 'a': printf("考核成绩优秀\n");break;
        case 'B': case 'b':
        case 'C': case 'c': printf("考核成绩良好");break;
        case 'D': case 'd':
        case 'E': case 'e': printf("考核成绩及格");break;
        default : printf("考核成绩不及格");
      }
   }
```

```
9. main()
       {int score,temp;    char grade;
        printf("\nPlease input a student's score: ");
        scanf("%d",&score);
        if(score==100)   temp=9;
        else   temp=score/10;
        switch(temp)
        { case 9: grade='A';break;
          case 8: grade='B';break;
          case 7: grade='C';break;
          case 6: grade='D';break;
          default : grade='E';
```

```
}
printf("score is:%d,grade is :%c. ",score,grade);
}
```

10. 1、3、5、7、8、10、12 月份是 31 天，4、6、9、11 月份是 30 天，闰年的 2 月份是 29 天，平年是 28 天，注意判断年份是否为闰年。程序代码如下。

```
#include<stdio.h>
main()
  { int year,month;
    printf("input year,month:");   scanf("%d,%d",&year,&month);
    switch(month)
      { case 1: case 3: case 5: case 7: case 8: case 10: case 12:
             printf("31   days\n"); break;
        case 4: case 6: case 9: case 11: printf("30 days\n"); break;
        case 2:   if((year%4==0&&year%100!=0)||(year%400==0))
                        printf ("29 days\n");
                  else printf("28 days\n");
                  break;
        default: printf("Input error!\n");
    }
  }
```

11. 若直线方程为 y=kx+b，k=(y1-y2)/(x1-x2)是由(x1,y1)和(x2,y2)两点构成的直线的斜率，k=(y3-y2)/(x3-x2)是由(x3,y3)和(x2,y2)两点构成的直线的斜率。若 3 点共线，则这两个斜率值应该相等。程序代码如下。

```
#include<stdio.h>
main()
  {float k1, k2, x1=2, y1=4, x2=4, y2=8, x3=-1,y3=-2;
   k1=(y1-y2)/(x1-x2); k2=(y3-y2)/(x3-x2);
   if (k1==k2)   printf("这三点共线！");
   else   printf("这三点不共线！");
  }
```

12. 点(x1,y1)和(x2,y2)的距离可按如下公式计算，然后与 9 比较即可。

$$\sqrt{(y2-y1)^2+(x2-x1)^2}$$

程序代码如下：

```
#include<stdio.h>
#include<math.h>
main()
  {float x1=3, y1=7, x2=9, y2=2;
   if (sqrt((y2-y1)* (y2-y1)+ (x2-x1)* (x2-x1)>9)   printf("两点间距离大于 9！");
   else   printf("两点间距离不大于 9！");
  }
```

第5章　循环结构程序的设计

5.1　本 章 要 点

5.1.1　while 语句构成的循环

while 循环是 C 语言提供的一种“当型”循环结构。其特点是先判断循环条件是否成立，如果条件为“真”，则执行循环体，条件为“假”，则结束循环并执行循环结构外的后续语句。

while 循环的一般格式如下。

```
while(表达式)      /*由表达式确定循环条件*/
      语句;        /*循环体*/
```

while 循环总是在头部检验循环条件，这可能出现什么也不执行就退出循环的情况。

需要注意的是：

(1) 表达式一般为关系表达式或逻辑表达式，如果表达式的值为 0，则循环体语句一次也不执行。

(2) 允许循环体语句是空语句。

例如，“while((c=getche())!='\15');”，对于这个循环来说，直到按 Enter 键则结束循环。转义字符'\15'代表 Enter 键，可以写成(c=getche())!='\r'或(c=getche())!=13)。

(3) 循环体中一定要有使循环趋向结束的操作，否则循环将永不结束，变成死循环。

(4) while 循环可以有多层循环嵌套。

(5) 循环语句可以由多个语句组成，此时必须将这些语句用{和}括起来，作为一个复合语句。

5.1.2　do-while 语句构成的循环

do-while 循环是 C 语言提供的“直到型”循环结构。其特点是先执行循环体，然后再判断循环条件是否成立。

do-while 循环的一般格式如下。

```
do
  语句
while(表达式);
```

该循环与 while 循环的不同之处在于：它先执行循环语句，然后再判断表达式是否为真，如果为真则继续循环；如果为假，则终止循环。因此，do-while 循环至少要执行一次循环体语句。同样，当有多条语句参加循环时，要用{和}把它们括起来。

5.1.3　for 语句构成的循环

C 语言中用得最多的就是 for 循环。它应用灵活，可以代替前面讨论过的 while 循环和 do-while 循环。for 循环的一般格式如下。

```
for (表达式 1; 表达式 2; 表达式 3)    语句
```

表达式 1 一般是一个赋值语句，用来给循环控制变量赋初值；表达式 2 一般是一个关系表达式，它决定什么时候退出循环；表达式 3 一般是定义循环控制变量每循环一次后按什么方式变化。这 3 个部分之间用“;”分开，举例如下。

```
for(i=1,sum=0; i<=10; i++)    sum+=i;
```

上例中先给变量 i 赋初值 1，然后判断 i 是否小于等于 10，如果条件为真则执行循环语句，之后 i 值增加 1。再重新判断，直到条件为假(i>10)时，结束循环。

需要注意的是：

(1) 当 for 循环中的循环语句为多条语句时，要用大括号将参加循环的语句括起来。

(2) 每个表达式可由几部分构成，各部分之间用逗号隔开。如上例(i=1,sum=0)所示。

(3) for 循环中的“表达式 1”、“表达式 2”和“表达式 3”都可以省略，但“;”不能省略。若省略了表达式 1，应该在 for 语句之前给循环变量赋值；若省略了表达式 2，要在循环中加入 break 语句或 goto 语句以便跳出循环，否则便成为死循环；若省略了表达式 3，可以在循环体中加入修改循环控制变量的语句。

(4) for 循环可以有多层嵌套。

5.1.4　goto 语句以及 goto 语句构成的循环

goto 语句是一种无条件转移语句，与 BASIC 中的 goto 语句相似；转到指定标号处，执行标号以后的程序。

goto 语句的使用格式如下。

```
goto   标号;
```

其中，标号是 C 语言中一个有效的标识符，标号可以和变量同名，还可以加在任何语句之前。这个作为标号的有效标识符加上一个“:”一起出现在函数内某处，执行 goto 语句后，程序将跳转到该标号处并执行其后的语句。另外，标号必须与 goto 语句同处于一个函数中，但可以不在一个循环层中。通常 goto 语句与 if 条件语句配合使用，当满足某一条件时，程序跳到标号处运行。

通常不建议使用 goto 语句，主要因为它将使程序层次不清楚，且不易读，但在多层嵌套退出时，用 goto 语句则比较合理。例如，下面程序中用 goto 语句直接跳到了外层循环的后面。

```
main()
{int i=0; char c;
 while(1)
  {c='\0';
   while(c!=13)                    /*Enter 键的 ASCII 码值是 13*/
      {c=getch();
       if (c==27)   goto quit;     /*Esc 键的 ASCII 码值是 27*/
       printf("%c\n", c);
      }
      i++;   printf("The No. is %d\n", i);
  }
  quit:   printf("The end");
}
```

5.1.5 多重循环

多重循环即循环嵌套，是指一个循环体内包含另一个完整的循环结构；而内嵌的循环又可以嵌套新的循环，从而构成多层循环嵌套。每种循环形式可以自身嵌套，也可以相互嵌套。

5.1.6 break 语句和 continue 语句

1. break 语句

break 语句通常用在循环语句和开关语句 switch 中。

当 break 语句用于 switch 中时，可使程序结束 switch 结构而执行 switch 以后的语句。

当 break 语句用于 do-while、for、while 循环语句中时，可使程序终止循环而执行循环后面的语句，通常 break 语句总是与 if 语句配合使用。示例代码如下。

```
main()
{int i=0;   char c='\0';
 while(1)
    {while(c!=13&&c!=27) /*从键盘输入字符并显示，按 Enter 键或 Esc 键结束循环*/
         {c=getch();   printf("%c\n", c); }
     if(c==27)   break;        /*若按 Esc 键，则退出外层循环*/
     i++;
     printf("The No. is %d\n", i);
    }
 printf("The end");
}
```

需要注意的是：

在多层循环中，一个 break 语句只向外跳一层。

2. continue 语句

continue 语句的作用是跳过本次循环的循环体中剩余的语句，结束本次循环，但整个循环并没有结束。

continue 语句只用在 for、while、do-while 等循环体中，常与 if 条件语句一起使用。例如：

```
main()
{char c='\0';
 while(c!=0X0D)       /*若 c 的值不是回车符，则循环 */
    { c=getch();  /*若按 Esc 键，则结束本次循环，不执行输出语句*/
     if(c==0X1B) continue;
       printf("%c\n", c);
    }
}                          /*0X0D 和 0X1B 是 13 和 27 的十六进制形式*/
```

5.2 本 章 难 点

5.2.1　循环结构的理解

循环结构又称重复结构，是结构化程序设计的基本结构之一，它与顺序结构、选择结构一起构成解决各种复杂程序设计的基础，主要用于处理那些需要重复执行的操作。

理解循环结构要从理解循环结构的组成部分和具体循环执行的过程分析等方面着手。

一个完整的循环结构基本由如下 4 部分组成。

(1) 置初值：一般是循环变量和一些相关变量的初始化。

(2) 判断部分：是循环能否执行的判断条件。

(3) 循环体：是被重复执行的一些语句。

(4) 修正部分：修改循环变量的值以使判断部分最终为“假”，从而结束循环。

5.2.2　3 种循环结构的比较

(1) 3 种循环都可用来处理需要重复操作的问题，一般情况下它们可以互相代替。

(2) do-while 循环类似于 while 循环，不同之处在于它们执行循环体和计算表达式的先后顺序。do-while 是先执行后判断，所以至少执行一次循环体；而 while 和 for 循环是在进入循环体之前先判断循环条件是否成立，如果不成立则循环体一次也不执行。

(3) while 和 for 循环的区别：while 直接指定循环条件，重复执行的语句全部放在循环体中；for 循环可以在表达式 3 中包含趋于结束的操作，甚至可以将循环体中的所有语句都放在表达式 3 中。

(4) 对于 while 和 do_while 循环，循环变量初始化的操作应在循环之前完成；而 for 循环则可以在表达式 1 中实现。

5.2.3　多重循环

(1) 在具有循环嵌套的程序中，每层循环都要用一对大括号把其整个循环体语句括起来，防止外层循环和内层循环发生交叉。

(2) 各层循环应使用不同的变量，以提高程序的可读性。

(3) 每层循环中都必须有使循环控制条件趋于不成立的语句，以避免死循环。

5.3　例 题 分 析

例 5.1　若 i、j 为 int 类型，则如下程序段中，内循环体的总执行次数是(　　)。

```
for(i=5;i;i--)
  for(j=0;j<4;j++) {...}
```

A. 20　　B. 24　　C. 25　　D. 30

解：二重循环执行时，外循环每循环一次，内循环将循环一遍(4 次)。本程序段外循环执行了 5 次，所以内循环体总共执行了 5×4=20 次。故答案为 A。

例 5.2　有如下所示程序，运行时从键盘输入 3.6 和 2.4，则输出结果是(　　)。

```
#include <math.h>
#include <stdio.h>
main(){
{float x,y,z;   scanf("%f,%f",&x,&y);   z=x/y;
 while(1)
    {if (fabs(z)>1.0)   {x=y;y=z;z=x/y;}
     else   break;
    }
 printf("%f\n",y);
}
```

A. 1.500000　　B. 1.600000　　C. 2.000000　　D. 2.400000

解：while 循环的条件是 1，即永真式循环，终止循环取决于何时执行到 break 语句；而 break 语句的执行受 if 语句控制；if 语句的执行取决于 x，y，z 的值。当 z 的绝对值小于 1.0 时，执行 else 中的 break 语句，退出循环，此时 y 的值为 1.6。答案为 B。

例 5.3　写出下面程序的执行结果。

```
main()
{ unsigned num=26, k=1;
  do
    {k*=num%10; num/=10;
    }while(num);
  printf("%d\n",k);
}
```

解：在 do_while 循环过程中，k 值和 num 值的变化为：第一次循环：k=6,num=2；第二次循环：k=12,num=0，循环结束。故程序的运行结果是 12。

例 5.4　编写程序：计算半径为 1 到 5 的圆的面积，仅打印≥50 的圆面积值。

解：采用 for 循环编写，当面积小于 50 时不打印面积值，用 continue 语句结束该次循环。

```
#include <stdio.h>
main( )
{int r;    float area;
 for (r=1;r<=5;r++)
    {area=3.141593*r*r;
     if( area<50.0)    continue;
     printf("%f\n",area);
    }
}
```

例 5.5　下面程序的输出结果是(　　)。

```
#include <stdio.h>
main()
 {int a,b;
  for(a=1,b=1;a<=100;a++)
     {if (b>=20)    break;
      if (b%3==1) {b+=3;continue;}
      b-=5;
     }
  printf("%d\n",a);
}
```

A. 7　　　　　　　　　　B. 8　　　　　　　　　C. 9　　　　　　　　　　D. 10

解：当 b≥20 时，程序执行 break 语句，跳出 for 循环；当 a 的值增加到 8，而 b 的值增至 22 时，执行 break 语句，跳出循环。此时 a 的值为 8。故答案为 B。

例 5.6　输入 10 个数，然后分别输出其中的最大值和最小值。

解：设变量 max、min 分别用来保存最大值和最小值，先把第一个整数赋值给变量 max、min，然后每输入一个正整数就要和 max 的值进行比较，如果该值比 max 大，则把此值赋给 max，使 max 值总保持最大，直到输入结束，则最终变量 max 的值即为所求，最小值 min 也类似。程序代码如下。

```
void main()
{float x,max,min; int i;
 for(i=1;i<=10;i++)
    {scanf("%f",&x);
     if(i==1){max=x; min=x;}
     if(x>max)max=x;
     if(x<min)min=x;
    }
 printf("%f,%f\n",max,min);
}
```

例 5.7　求输入的整数各位数字之和，如输入 234 则输出 9，输入－312 则输出 6。

解：设变量 s 用来保存整数各位数字之和，对输入的整数先取出它的个位数存到变量 s 中，再扔掉该整数的个位数，直到该整数变为 0。程序代码如下。

```
#include <stdio.h>
#include <math.h>
void main()
{int n,s=0;   scanf("%d",&n);   n=abs(n);   /*n 取绝对值*/
 while(n!=0)
    {s=s+n%10;        /*取出 n 的个位数给 s*/
     n=n/10;          /*扔掉 n 的个位数*/
    }
 printf("%d\n",s);
}
```

例 5.8　编码程序，打印出如下图案(菱形)。

```
   *
  ***
 *****
*******
 *****
  ***
   *
```

解：把图形分成两部分来看待，前四行一个规律，后三行一个规律。利用双重 for 循环，第一层控制行，第二层控制列。程序代码如下。

```
main()
{int i,j,k;
   for(i=0;i<=3;i++)
      { for(j=0;j<=2-i;j++)   printf("   ");   /*每次输出一个空格*/
        for(k=0;k<=2*i;k++)   printf("*");
        printf("\n");
        }
   for(i=0;i<=2;i++)
      { for(j=0;j<=i;j++)   printf("   ");   /*每次输出一个空格*/
        for(k=0;k<=4-2*i;k++)   printf("*");
        printf("\n");
      }
}
```

例 5.9　计算 s=1!+2!+3!+…+n!，n 由键盘输入。

解：利用循环计算 k！(k=1, 2, …, n)，每计算一次累加一次。程序代码如下。

```
main()
{float s=0,t=1; int n,k;   scanf("%d",&n);
 for (k=1;k<=n;k++)
    {t=t*k;     /*t 中存储的是 k!(k=1, 2, …, n)*/
     s=s+t;
    }
 printf("%f\n",s);
}
```

5.4 习　　题

5.4.1 单项选择题

1. 下面程序段中的循环执行(　　)次。

```
int x=20;
do{ x/=2; } while (x--);
```

A. 4 次　　B. 3 次　　C. 5 次　　D. 6 次

2. 在第 1 题中，若能退出循环，则退出循环后 x 的值为(　　)。

A. 0　　B. 0.375　　C. －0.625　　D. －1

3. 下面程序的输出结果为(　　)。

```
int x=20,y=40,z=60;
while(x<y) x+=4;
y-=4; z/=2;     printf("%d,%d,%d",x,y,z);
```

A. 40,36,30　　B. 32,28,7　　C. 32,28,30　　D. 32,28,7.5

4. 下面程序段在执行完成后，a 的值是(　　)。

```
int j=0,k=0,a=0;
while(j<2)
{ j++;   a=a+1;    k=0;
    while(k<=3)
      {k++;
       if (k%2!=0)    continue;
       a=a+1;
      }
  a=a+1;
}
```

A. 4　　B. 6　　C. 8　　D. 10

5. 执行下面程序段后，x 和 y 的值分别为(　　)。

```
int x=1,y=1, m=1,n=1;
switch (m)
{case 0: x=x*2;
  case 1: {switch(n)
             { case 1: x=x*2;
               case 2: y=y*2;break;
               case 3: x++;
             }
           }
  case 2 : x++; y++;
  case 3 : x*=2;y*=2;break;
  default: x++;y++;
}
```

A. x=6,y=6　　B. x=2,y=1　　C. x=2,y=2　　D. x=7,y=7

6. 下列说法正确的是(　　)。

A. 编写 C 程序时，应该控制嵌套循环的重数。

B. 编写 C 程序时，变量名越短越好。

C. 编写 C 程序时，应多用 goto 语句，以增加效率。

D. 编写 C 程序时，要尽可能的简洁而新颖，可理解性是第二位的。

7. 若 m>n 且 a>b，则 y=2x，若 m<=n 则 y=0，下面描述中正确的是(　　)。

A.	B.	C.	D.
if (m>n)	if (m>n)	if (a>b)	if (a>b)
{if(a>b)	y=2*x;	if(m>n)	{if (m>n)
y=2*x;}	if(a>b) ;	y=2*x;	y=2*x;}
else	else	else if(m<n)	else if(m<=n)
y=0;	y=0;	y=0;	y=0;

8. 以下循环体的执行次数是(　　)。

```
main()
{int   i,j ;
 for(i=0,j=1; i<=j+i; i+=2,j--) printf("%d\n", i ) ;
}
```

A. 3　　B. 2　　C. 1　　D. 0

9. 下列程序的输出结果是(　　)。

```
main( )
{int i,j, m=0,n=0 ;
    for(i=0;i<2;i++ )
        for(j=0;j<2;j++ )
            if (j>=i)   m=1 ;
    n++ ;
    printf("d\n", n ) ;
   }
```

A. 4　　B. 2　　C. 1　　D. 0

10. 以下程序段的执行结果是(　　)。

```
int   a , y ; a=10 ; y=0 ;
do{a+=2 ;   y+=a ;
    if ( y>20 )   break ;
  } while ( a=14 ) ;
printf("a=%d   y=%d\n", a ,y ) ;
```

A. a=18　　y=24　　B. a=14　　y=44

C. a=12　　y=12　　D. a=16　　y=28

11. 以下程序的运行结果是(　　)。

```
main()
{ int   n=4 ;
```

```
    while( n--)   printf("%d", --n ) ;
}
```

A. 2　0　　　　B. 3　1　　　　C. 3　2　1　　　　D. 2　1　0

5.4.2 填空题

1. 运行如下程序段，输出结果为________。

```
#include<stdio.h>
main( )
{ int x,y,s=0;
   for(x=30,y=0;x>20&&y<10;x--,y++)   s=x+y;
   printf("=%d, y=%d, s=%d\n", x, y, s);
}
```

2. 运行如下程序段，输出结果为____________。

```
int i;
for(i=0;i<8;i++)   printf("%d, ",++i);
printf("%d", i++);
```

3. 运行如下程序段，输出结果为___________。

```
int   n=0;
for( ; n+4; n++)
   { if (n>5 && n%3==1)
       { printf("%d\n", n);   break;   }
     printf("%d, ", n++);
   }
```

4. 执行如下程序段，输出结果为_____________。

```
#include <stdio.h>
main( )
{int n=0;
 while (n<=4)
    {switch(n)
        {case 0:;
         case 1: printf("%d," , n);
         case 2: printf("%d," , n++);break;
         default : printf("**");n++ ;
        }
    }
}
```

5. 运行如下程序段，输出结果为___________。

```
int a,b,c;   a=0,b=0,c=0;
if (++a || b++ || c++)     printf("%d,%d,%d",a, b, c);
else    printf("OK");
```

6. 下面程序段，若输入整数 12345，则输出结果为____________。

```
int x,y;   scanf("%d",&x);
do
   {y=x%10;     printf("%d",y);     x/=10;
  }while(x);
```

7. 执行下面程序，则输出结果为____。while 循环的循环体共执行了_____次。

```
int n=0; int sum=0;
while (n++,n<20)
   {if (n==(n/2)*2)   continue;
    sum+=n;
   }
printf("%d\n",sum);
```

8. 在下面程序段中，循环语句中的循环体被执行了_______次。

```
int i=20;
do{ switch( i%4)
        {case 0 : i=i-7; break;
         case 1 : i=i+1; break;
         case 2 : i=i+1; break;
         case 3 : i=i+1;
        }
  } while (i>=0);
```

9. 运行如下程序段，输出结果为__________________。

```
int m=0,n=14;
for (; m<2;m++)
  { for (; n>=0; n-- ,n--)
        if((m+n)%3)   { --n;   printf("&%d", m+n);   }
        else     {n-=2; printf("*%d", m-n);   }
        printf("%%");
  }
```

10. 有如下程序段。

```
int x,y;   scanf("%d%d", &x,&y);
do{ x*=1.8;
     y/=3;
   } while (y–x>=10);
```

将上述 do- while 结构的程序段改写为如下所示。

(1) while 结构为______________。

(2) for 结构为________________。

11. 若有 int　x=0 , i=3;

```
do   { i-- ;   printf ("*"); } while ( i==x ) ;
```

则连续打印出*的个数为_______个。

12. 下面程序的功能是：计算 1~10 之间的奇数之和及偶数之和，请填空。

```
#include <stdio.h>
main()
{ int a, b, c , i;   a=c=0 ;
  for(i=0;i<=10;i+=2)
      { a+=i;  __________; c+=b; }
  printf ("  偶数之和= %d \n ", a ) ;
  printf ("  奇数之和= %d \n ", c–11 );
}
```

13. 下面程序的功能是：输出 100 以内能被 3 整除且个位数为 6 的所有整数，请填空。

```
main()
{ int i , j ;
   for ( i=0 ; _________ ; i++ )
     {   j=i*10+6 ;
         if ( ________ )       continue ;
         printf ("%d", j ) ;
     }
}
```

5.4.3　阅读程序写结果题

1. #include "stdio.h"

```
main()
{int s=0,k;
 for (k=7;k>=0;k--)
    {switch(k)
       {case 1:   case 4:   case 7: s++;break;
        case 2:   case 3:   case 6: break;
        case 0:   case 5: s+=2; break;
       }
    }
  printf("s=%d\n",s);
}
```

2. #include "stdio.h"

```
main()
{int i,j;
 for(i=4;i>=1;i--)
   {printf("*");
    for(j=1;j<=4-i;j++)   printf("*");
    printf("\n");
   }
}
```

3. #include "stdio.h"

```
main()
{int i,j,sum,m,n=4;   sum=0;
 for(i=1; i<=n; i++)
   {m=1;
```

```
    for(j=1;j<=i;j++)    m=m*j;
    sum=sum+m;
  }
printf("sum=%d\n",sum);
}
```

4.
```
#include "stdio.h"
main()
{int i;
 for(i=1;i<=5;i++)
    {if (i%2)    printf("*");
     else   continue;   printf("#");
    }
 printf("$\n");
}
```

5.
```
#include "stdio.h"
main()
{int i,j,k;
 for (i=1;i<=6;i++)
    {for (j=1;j<=20-2*i;j++)    printf(" ");
     for (k=1;k<=i;k++)    printf("%4d",i);
     printf("\n");
    }
}
```

6. 下列程序段共执行了多少次？

```
x=-1;
do{x=x*x; }while(!x);
```

7. 运行下面程序段输出什么？

```
main( )
{ int i=0;
   while (i<=5)
      {++i;
       if (i==3)    continue ;
       printf("i=%d\n",i);
      }
}
```

8. 运行下面程序段输出什么？

```
main( )
{ int i=0;
   while (i<=5)
      {++i;
       if ( i==3 )    break ;
       printf("%d\n",i);
      }
}
```

9. 按 Esc 键后，结果是什么？

```
#include<stdio.h>
 main()
 {char c=' ';
  while (c!=27)
     {c=getch();
      switch (c)
        { case 'A': putchar(c); break;
          case 'B': putchar(c); break;
          default : puts("Error"); break;
        }
     }
 }
```

10. 运行下面程序段输出什么？

```
  main()
 {int i, j, k;   printf("i j k\n");
  for (i=0; i<2; i++)
     for(j=0; j<2; j++)
        for(k=0; k<2; k++)
           printf("%d %d %d\n", i, j, k);
 }
```

11. 运行下面程序段输出什么？

```
  main()
  { int i,j;
    for (j=10;j<11;j++)
      {for (i=9;i<j;i++)   if (!(j%i)) break;
       if (i>=j 1) printf("%d",j);
      }
  }
```

12. 运行下面程序段输出什么？

```
  main()
  {int x,i;
   for(i=1;i<=50;i++)
     { x=i;
      if (++x%2==0)
        if (x%3==0)
          if (x%7==0)   printf("%d",i);
     }
  }
```

13. 假定 a 和 b 为 int 型变量，则执行下面语句后 b 的值是什么？

```
a=1;b=10;
do { b-=a; a++;} while (b--<0);
```

14. 设 j 为 int 型变量，则下面 for 循环语句的执行结果是什么？

```
for (j=10;j>3;j--)
 { if (j%3) j--;
   --j;--j;  printf("%d",j);
 }
```

15. 设 x 和 y 均为 int 型变量，则执行下面的循环后，y 的值是什么？

```
for(y=1,x=1;y<=50;y++)
 {if (x>=10)   break;
  if (x%2==1) {x+=5;continue;}
  x-=3;
 }
```

16. 运行下面的程序，如果从键盘上输入 65　14<回车>，则输出结果是什么？

```
main ( )
{int m，n;  printf("Enter m，n:");  scanf("%d%d，&m，&n");
 while (m!=n)
   { while (m>n) m-=n;
    while (n>m) n-=m;
   }
 printf("m=%d\n"，m);
}
```

17. 运行下面程序段输出什么？

```
main( )
{int i，j，x=0;
 for (i=0;i<2; i++)
  { x ++;
   for (j=0;j<3;j++)
     { if (j%2) continue;   x++;  }
   x++;
  }
 printf("x=%d\n"，x);
}
```

18. 运行下面程序段输出什么？

```
main( )
{ int k,m;
   for(k=1,m=4;k<=3;k++,m++)
      if(m++>5) printf("%d,",m);
      else printf("%d,",m--);
}
```

19. 运行下面程序段输出什么？

```
main( )
{ int y=10;
  do {y--;}
```

```
    while (--y);
    printf("%d\n", y--);
}
```

5.4.4　编写程序题

1. 计算表达式 1+(3/2)+(5/4)+(7/6)+⋯+(99/98)+(101/100)的值。

2. 计算 1-1/2+1/3-1/4+⋯+1/99-1/100 的值，并显示结果。

3. 求出 200 到 300 之间所有各位数字和为 12、乘积为 42 的数。

4. 将一个正整数分解质因数。例如，输入 90，打印出 90=2*3*3*5。

5. 输入两个正整数，求其最大公约数和最小公倍数。

6. 统计 101~200 之间有多少个素数，并输出所有素数。

7. 1 分、2 分、5 分硬币组成 1 角钱，有多少种组合？每一种组合是什么？

8. 输入一行字符，分别统计出其中英文字母、空格、数字和其他字符的个数。

9. 输入一个正整数，以相反的顺序输出该数。例如，输入 12345，输出 54321。

10. 设计程序：一个球从 100 米高度落下，每次落地后都反弹至原高度一半位置，再落下。计算出第 10 次落地时小球共经过的距离。

11. 设计程序：计算 2 的平方根、3 的平方根……10 的平方根之和，要求计算结果具有小数点后 10 位有效位数。

12. 设计程序：计算数列 1,－1/3!,1/5!,－1/7!,1/9!,……的和至某项的绝对值小于 1e–5 时为止(该项不累加)。

13. 设计程序：求满足条件 pow(1.05,n)<1e6<pow(1.05,n+1)的 n。

14. 设计程序：a、b、c 为区间[1,100]的整数，统计使等式 c/(a*a+b*b)=1 成立的所有解的个数(若 a=1、b=3、c=10 是 1 个解，则 a=3、b=1、c=10 也是 1 个解)。

15. 设计程序：在 6 至 5000 内找出所有的亲密数对。说明：若 a、b 为 1 对亲密数，则 a 的因子和等于 b、b 的因子和等于 a，且 a 不等于 b。如 220、284 是 1 对亲密数，284、220 也是 1 对亲密数。

16. 设计程序：在正整数中找出 1 个最小的，且被 3、5、7、9 除，余数分别为 1、3、5、7 的数。

17. 设计程序：计算 27 的小于 1.00001 的 2^n 次方根(27 的 2^{n-2} 次方根不小于 1.00001)。

18. 设计程序：z=f(x,y)=10*cos(x-4)+5*sin(y-2)，若 x、y 取值为区间[0,10]的整数，找出使 z 取最小值的 x1、y1。

19. 编程实现如下功能：输入 1 个整数后，输出该数的位数(若输入 3214 则输出 4，输入－23156 则输出 5)。

20. 编程实现如下功能：输入整数 n(n>0)，求 m，使得 2 的 m 次方小于或等于 n，2 的 m+1 次方大于或等于 n。

21. 编程实现如下功能：输入一个小写字母，将字母循环后移 5 个位置后输出，如'a'变成'f'，'w'变成'b'。

22. 计算并输出 a+aa+aaa +…+aaa…a(n 个 a)之和。n 由键盘输入。(例如 a=2，n=3 时，是求 2+22+222 之和)。

23. 一个数如果恰好等于它的因子之和，这个数就称为“完数”。例如，6 的因子是 1、2、3，6=1＋2＋3，则 6 是一个完数。编程找出 1000 以内的所有完数。

24. 打印出所有的“水仙花数”。所谓“水仙花数”是指一个三位数，其各位数字立方和等于该数本身。例如：153 是一个“水仙花数”，因为 $153=1^3+5^3+3^3$。

25. 猴子吃桃问题：猴子第一天摘下若干个桃子，当即吃了一半，还不过瘾，又多吃了一个。第二天早上将剩下的桃子吃掉一半，又多吃了一个。以后每天早上都吃了前一天剩下的一半零一个。到第 10 天早上再想吃时，见只剩下一个桃子了。求第一天共摘了多少桃子。

26. 编写程序解决百钱百鸡问题：中国古代数学家张丘建在他的《算经》中提出了著名的百钱百鸡问题：鸡翁一，值钱五；鸡母一，值钱三；鸡雏三，值钱一；百钱买百鸡，翁、母、雏各几何？(输出所有可能的组合)

27. 用二分法求方程 $2x^3-4x^2+3x-6=0$ 在(–10,10)内的根。算法为：设 $f(x)=2x^3-4x^2+3x-6$，x1=－10, x2=10,将(x1,x2)二等分，中点为 x0，若 f(x0)=0，则 x0 是根；若 f(x0)*f(x1)<0，则根在(x1,x0)内，否则根在(x0,x2)内，将 x0 赋给 x2 或 x1。重复上述过程，再求新的 x0，直到 f(x0)的绝对值小于某个给定的小正数(如 10^{-5})为止。

28. 数列的第 1 项为 2，以后各项为它的前一项的 2 倍再加 3。编程求前 10 项之和。

5.5　习题参考答案

5.5.1　单项选择题答案

1. A　2. D　3. A　4. C　5. A　6. A　7. A　8. B　9. C　10. D　11. A

5.5.2　填空题答案

1. x=20,y=10,s=30　　2. 1,3,5,7,8

3. 0,2,4,6,8,10　　4. 0,0,1,1,2,****

5. 1,0,0　　6. 54321

7. 100　　20　　8. 17

9. &13&10&7&4&1%%

10. (1)
```
int x,y; scanf("%d%d",&x,&y);
    x*=1.8; y/=3;
    while(y-x>=10)
       { x*=1.8;   y/=3; }
```

(2) int x,y; scanf("%d%d",&x,&y);
for(x*=1.8,y/=3; y-x>=10; x*=1.8,y/=3);

11. 1　　12. b = i + 1

13. i<=9　　j%3!=0

5.5.3 阅读程序写结果题答案

1. s=7

2.
```
   *
  **
 ***
****
```

3. sum=33

4. *#*#*#$

5.
```
          1
        2   2
      3   3   3
    4   4   4   4
  5   5   5   5   5
6   6   6   6   6   6
```

6. 1

7.
```
i=1
i=2
i=4
i=5
i=6
```

8.
```
1
2
```

9. Error

10.

i	j	k
0	0	0
0	0	1
0	1	0
0	1	1
1	0	0
1	0	1
1	1	0
1	1	1

11. 10　　12. 41　　13. 8　　14. 74　　15. 6
16. m=1　　17. x=8　　18. 5,6,7　　19. 0

5.5.4 编写程序题参考答案

1.
```
#include <stdio.h>
main()
{float s=1.0;   int n;
 for(n=2;n<=100;n++)   s=s+(float)(n+1)/n;
 printf("s=%f\n",s);
}
```

2.
```
#include <stdio.h>
 main()
 { int c,s; float sum=0;
  for (c=1;c<=100;c++)
     { if(c%2==0)   s=-1;
       else   s=1;
       sum+=s*(1/(float)c);
     }
     printf("%f\n",sum);
  }
```

3.
```
#include <stdio.h>
main()
{int i,j,k,m,p,s,d;
 for(d=200;d<=300;d++)
    {i=d/100;   j=d/10%10;   k=d%10;   s=i+j+k;   p=i*j*k;
     if(s==12 && p==42)   printf("%6d",d);
    }
}
```

4.
```
 main(){
 {int n,i;
  printf("\nplease input a number:\n");
  scanf("%d",&n);
  printf("%d=",n);
  for(i=2;i<=n;i++)
     {while(n!=i)
        { if (n%i==0) { printf("%d*",i);   n=n/i;   }
          else   break;
        }
      }
  printf("%d",n);
 }
```

5.
```
main()
{ int a,b,num1,num2,temp;
 scanf("%d,%d",&num1,&num2);
 if(num1<num2)   { temp=num1; num1=num2;   num2=temp; }
 a=num1; b=num2;
 while(b!=0)          /*利用辗转除法，直到 b 等于 0 为止*/
```

```
    {temp=a%b;   a=b;   b=temp; }
  printf("最大公约数:%d\n",a);
  printf("最小公倍数:%d\n",num1*num2/a);
 }
```

6.
```
#include "math.h"
   main()
   { int m,i,k,h=0,leap=1;
    for(m=101;m<=200;m++)
      {k=sqrt(m+1);
       for(i=2;i<=k;i++)   if (m%i==0) {leap=0;break;}
       if (leap) {printf("%-4d",m);h++;}
       leap=1;
      }
    printf("\nThe total is %d",h);
   }
```

7.
```
main()
 {int cnt1,cnt2,cnt5,total=0;
  /* cnt1,cnt2,cnt5 用来存储 1 分、2 分、5 分硬币的个数，total 存储组合数*/
  for(cnt1=0;cnt1<=10;cnt1++)
    for(cnt2=0;cnt2<=5;cnt2++)
      { if(10-cnt1-2*cnt2>=0)   cnt5=(10-cnt1-2*cnt2)/5;
       if((10==cnt1+2*cnt2+5*cnt5)
         {total++;
          printf("\n%d:\t1 分--%d\t2 分--%d\t5 分--%d",total,cnt1,cnt2,cnt5);
         }
      }
    printf("\n 一共有%d 种组合\n",total);
 }
```

8.
```
#include "stdio.h"
 main()
 { char c;   int letters=0,space=0,digit=0,others=0;
   printf("please input some characters\n");
   while((c=getchar())!=13)   /*按 Enter 键结束循环，Enter 键的 ASCII 码值是 13*/
     { if (c>='a'&&c<='z'||c>='A'&&c<='Z')   letters++;
      else if (c==' ')   space++;
      else if (c>='0'&&c<='9')   digit++;
      else   others++;
     }
   printf("all in all:char=%d space=%d digit=%d others=%d\n", letters,space,digit,others);
 }
```

9.
```
# include <stdio.h>
 main()
 {unsigned int n;
  scanf("%d",&n);
  do
   {printf("%d",n%10);
    n=n/10;
    }while (n!=0);
 }
```

10.
```
#include <stdio.h>
 void main()
 {float s=100,h=100; int i;
   for(i=1;i<=9;i++)
     {s+=h;   h/=2; }
      printf("%.0f",s);
 }
```

11.
```
#include <stdio.h>
#include <math.h>
main()
{float s=1,t=1,i=3;
 t=-t/((i-1)*i);
 while(fabs(t)>=1e-5)
    {s+=t; i=i+2;
     t=-t/((i-1)*i);
    }
 printf("%.6f",s);
}
```

12.
```
#include <stdio.h>
#include <math.h>
main()
 {int i;   double   s=0.0;
  for(i=2;i<=10;i++) s+=sqrt(i);
     printf("%.10f\n",s);
 }
```

13.
```
#include <stdio.h>
#include <math.h>
main()
{float y=1.05; int n=1;
 while(pow(1.05,n)>=1e6 || pow(1.05,n+1)<=1e6) n++;
 printf("%d,%.0f",n,pow(1.05,n));
}
```

14.
```
#include <stdio.h>
main()
{int n=0,a,b,c;
 for(a=1;a<=100;a++)
    for(b=1;b<=100;b++)
       for(c=1;c<=100;c++)
          if(c/(a*a+b*b)==1) n++;
 printf("%d",n);
}
```

15.
```
#include <stdio.h>
main()
{int a,b,c,k;
 for(a=6;a<=5000;a++)
    {c=1;
     for(k=2;k<a;k++)   if(a%k==0) c+=k;
     for(b=6;b<=5000;b++)
        {if(c==b && a!=b)
           {c=1;
            for(k=2;k<b;k++)   if(b%k==0) c+=k;
            if(c==a) printf("%6d,%6d\n",a,b);
           }
        }
    }
 }
```

16.
```
#include <stdio.h>
#include <math.h>
main()
{int n=1;
 while(n%3!=1 || n%5!=3 || n%7!=5 || n%9!=7) n++;
```

```
  printf("%d",n);
}
```

17.
```
#include <stdio.h>
#include <math.h>
main()
{float x=27; int n=0;
 do
   {n++;
   }while(pow(x,1.0/(2*n))>=1.00001 || pow(x,1.0/(2*n-2))<1.00001);
 printf("%d",n);
}
```

18.
```
#include <stdio.h>
#include<math.h>
main()
{int x,y,x1,y1; float z,z1;   x1=0; y1=0;
 z1=10*cos(x1-4)+5*sin(y1-2);
 for(x=0;x<=10;x++)
   for(y=0;y<=10;y++)
     {z=10*cos(x-4)+5*sin(y-2);
      if(z1>z){ x1=x; y1=y; z1=z; }
     }
 printf("%d,%d",x1,y1);
}
```

19.
```
#include <stdio.h>
main()
{int n,k=0; scanf("%d",&n);
  while( n!=0)
    {k++;   n=n/10; }
     printf("%d\n",k);
}
```

20.
```
#include <stdio.h>
#include <stdio.h>
main()
{int m=0,t=1,n;
 while(!scanf("%d",&n)||n<=0);
 while(!(t<=n&&t*2>=n))
    {t=t*2;   m++; }
 printf("%d\n",m);
}
```

21.
```
#include <stdio.h>
main()
{char c; c=getchar();
 if(c<'v'&&c>'a')   c=c+5;
  else if (c>='v' && c<='z')   c=c-'v'+'a';
 putchar(c);
}
```

22.
```
#include <stdio.h>        /* s=a+(a*10+a)+((a*10+a)*10+a)+ ... */
main( )
{unsigned   a, n, i;    unsigned long   t, s;
 printf("input a, n : "); scanf("%u, %u", &a, &n);
 s=0 ; t=0 ;
 for (i=1; i<=n; i++)
    { t=t*10+a; s=s+t;   }
 printf("s = %lu\n", s);
}
```

23.
```
# include <stdio.h>
main()
{ int m,i,s;
  for(m=2;m<1000;m++)
   {s=0;
    for(i=1;i<m; i++)   if ((m%i)==0)   s=s+i;
    if (s==m)
```

```
        {printf("%d 是一个完数，它的因子是：",m);
         for(i=0;i<m; i++)
         if ((m%i)==0)   printf("%d,",i);
        }
    }
}
```

24.
```
# include <stdio.h>
main()
{int i,j,k,n;
 for(n=100;n<=999;n++)
    {i=n/100;       /*分解出百位数码*/
     j=n/10%10;   /*分解出十位数码*/
     k=n%10;        /*分解出个位数码*/
     if(n==i*i*i+j*j*j+k*k*k)   printf("%-6d",n);
    }
}
```

25.
```
# include <stdio.h>
main()
{int day=9,x1,x2; x2=1;   /* x2=1 表示第 10 天早上只有 1 个桃子*/
 /*从第 10 天桃子数推出第 9 天桃子数，从第 9 天桃子数推出第 8 天桃子数，*/
 /*一直推下去，最后从第 2 天桃子数推出第 1 天桃子数，共推了 9 次。*/
while(day>0)
   {x1=(x2+1)*2;   /*前一天的桃子数是后一天桃子数加 1 后的 2 倍*/
    x2=x1;
    day--;
   }
printf("the total is %d\n",x1);
}
```

26.
```
#include <stdio.h>
main()
{int x,y,z,j=0;
 for(x=0;x<=20;x++)
    for(y=0;y<=33;y++)
       { z=100-x-y;
        if(z%3==0&&x+y+z==100&&5*x+3*y+z/3==100)
        printf("\ncock=%d     hen=%d   chicken=%d",x,y,z);
       }
}
```

27.
```
# include <stdio.h>
# include <math.h>
main()
{float x0,x1,x2,f0,f1,f2;
 scanf("%f,%f",&x1,&x2); /*输入 - 10 和 10*/
 f1=((2*x1-4)*x1+3)*x1-6; f2=((2*x2-4)*x2+3)*x2-6;
 do
   {x0=(x1+x2)/2;     f0=((2*x0-4)*x0+3)*x0-6;
    if (f0==0)   break;
    if (f0*f1<0)     {x2=x0;f2=f0;}
```

```
    else    {x1=x0;f1=f0;}
  } while (fabs(f0)>=1.0e-5) ;
 printf("根是%6.3f\n",x0);
}
```

28.
```
# include <stdio.h>
main()
{ int a=2, k=1, s=0;
   while(k<=10)
      {s=s+a;   a=a*2+3;
       k++;
      }
 printf("%d\n",s);
}
```

第6章　数　　组

6.1　本 章 要 点

6.1.1　一维数组

(1) 一维数组的定义格式如下。

```
数据类型　数组名[数组长度];
```

例如：double a[10];

其中 a 为数组名，a 在内存中占用了 10 个连续的存储单元，a 包含 a[0]，a[1]，…，a[9] 这 10 个数组元素，每个元素是一个双精度型变量。

(2) C 语言允许在定义数组的同时对数组进行初始化，示例如下。

```
double a[10]={1,2,3,4,5,6,7,8,9,10};
```

需要注意的是：

当大括号内提供的初值个数少于数组元素个数时，系统自动在后面用 0 值补足；当初值个数多于元素个数时，将导致编译时错误。数组定义之后，不能整体给数组赋值，只能一次给一个元素赋值。

(3) C 语言允许通过所赋初值的个数来定义数组的长度，示例代码如下。

```
int b[]={9,8,7,6};
```

这条语句相当于 int b[4]={9,8,7,6};

6.1.2　二维数组

(1) 二维数组的定义格式如下。

```
数据类型　数组名[长度 1][长度 2];
```

例如：int a[2][3];

该语句定义了有 6 个元素的整型数组 a，数组 a 占用内存 6 个连续的存储单元，按顺序这些存储单元的名字分别为 a[0][0]、a[0][1]、a[0][2]、a[1][0]、a[1][1]、a[1][2]。

注意：

在 C 语言中，二维数组元素在内存中的存放方式为按行存放。

(2) 对二维数组进行初始化的方式有两种。

① 分行赋初值。示例代码如下。

```
int a[2][3]={{1,3,5},{2,4,6}};
```

② 按数组在内存中的排列顺序赋初值。示例代码如下。

```
int a[2][3]={1,3,5,2,4,6};
```

需要注意的是：

对于第一种初始化方式，当某行中的初值个数(某个大括号中值的个数)少于该行元素个数时，系统自动(按行)补 0。而采用第二种初始化方式时，虽然系统为缺少初值的元素也自动赋 0 值，但这时各数组元素要按其在内存中的排列顺序得到初值。

(3) 在进行二维数组定义时，可以省略对第一维长度的说明，这时，第一维长度由所赋初值的行数确定。示例代码如下。

```
int a[2][3]={1,3,5,2,4,6}; (或 a[2][3]={{1,3,5},{2,4,6}};)
```

这条语句与下面的定义形式等价。

```
int a[ ][3]={1,3,5,2,4,6}; (或 a[ ][3]={{1,3,5},{2,4,6}};)
```

6.1.3　字符数组

(1) 字符数组是指数组元素为字符型的数组，每个数组元素存放一个字符。

一维字符数组的定义格式如下。

```
char　字符数组名[长度];
```

二维字符数组的定义格式如下。

```
char　字符数组名[长度 1][长度 2];
```

(2) 字符数组的赋初值。

① 将字符依次赋给数组中各元素，示例代码如下。

```
char c[6]={'c', 'h', 'i', 'n', 'a'};
```

② 直接用字符串常量赋给数组初值，示例代码如下。

```
char c[6]= "china";
```

无论采用哪种方式，若提供的字符个数大于数组长度，系统将报错；若提供的字符个数小于数组长度，则在最后一个字符后添加'\0'作为字符串结束标志。

(3) 通过赋初值确定省略的数组长度。

方式一：char str[]={'C','H','I','N','A'};

这时 str 数组的长度为 5。

方式二：char str[]="china";

此时 str 数组的长度为 6，系统自动在"china"末尾加了一个'\0'。

需要注意的是：

如果要将定义的字符数组作为字符串使用，应在方式一所有字符的后面加上一个'\0'字符。否则系统自动去找最近的一个'\0'作为字符串的结束标志，容易引起错误。如果只是作为字符数组使用，则不要求最后一个字符为'\0'。

6.2　本 章 难 点

6.2.1　数组元素的下标

C 语言中数组元素下标的下限是固定的，总是为 0。需要注意的是，C 语言程序在执行过程中并不自动检验数组元素的下标是否越界。因此，如果考虑不周，下标可能从数组的两端越界，从而产生错误的引用或破坏了其他存储单元中的数据，甚至破坏程序代码。

6.2.2　字符串和字符数组

C 语言中用字符'\0'作为字符串的结束标志。

字符串常量在内存中占一串连续的存储单元，C 语言把字符串常量隐含地处理成一个字符型一维数组，该数组中最后一个存储单元置字符'\0'。

每一个字符串常量单独占用一串连续的存储单元，即使两个字符串中的字符完全相同，也认为是两个不同的字符串，具有不同的起始地址。

不能通过赋值语句把一个字符串赋给字符数组名。

在字符数组中的有效字符后加上'0'，这时字符数组可作为字符串变量。

可以利用二维字符数组作为字符串数组。示例代码如下。

```
char s[10][8];int i;
for (i=0;i<10;i++) gets(s[i]);
```

可以通过键盘输入 10 个字符串，每个字符串不得超过 7 个字符。可以通过 s[i](0≤i<10)来引用这些字符串，当然也可以通过数组元素的形式来引用每个字符。

又如，char a[2][5]={"abcd","ABCD"};

将在 a 数组的第 0 行放入字符串"abcd"，在第 1 行放入字符串"ABCD"。

6.2.3 字符串处理函数

(1) 若要将一个字符串常量赋给一个字符数组，最好使用 gets()函数，不要使用 scanf()函数。因为当字符串常量中含有空格时，用 scanf()函数会出错。例如，执行下面语句。

```
char str[20]; scanf("%s", str);
```

从键盘输入 use function，只是将 use 赋给了 str。而 gets(str)则不会出错。

(2) 比较两个字符串的大小，必须用 strcmp()函数，不能将两个字符串用关系运算符直接连接起来。例如，str1 和 str2 都是存储字符串的字符数组，则 str1>str2、str1<=str2、str1==str2 等都是错误的。

(3) 不能用赋值语句将字符串直接赋给字符数组，必须用 strcpy()函数。示例代码如下。

```
char str1[30]; str2[30]; str1="ABCDE"; str2=str1;
```

上面的代码是错误的，而下面的代码是正确的。

```
char str1[30]; str2[30]; strcpy(str1,"ABCDE"); strcpy(str2,str1);
```

6.3 例 题 分 析

例 6.1 下列程序执行后的输出结果是(　　)。

A. you&me　　B. you　　C. me　　D. err

```
main()
{char arr[2][4];
 strcpy(arr,"you");strcpy(arr[1],"me");
 arr[0][3]='&';
 printf("%s\n",arr);
}
```

解：数组 arr 是一个 2 行 4 列的阵列，其存储结果如图 1-6-1 所示。arr 是由两个一维字符数组 arr[0]和 arr[1]构成的。

函数调用语句“strcpy(arr,"you");”是对数组 arr 进行赋值，字符串"you"是 4 个字符，等效于对一维数组 arr[0]赋值(数组 arr[0]恰好为 4 个单元)，此时 arr[0][3]中的数据是'\0'；函数调用语句“strcpy(arr[1], "me");”是为一维字符数组 arr[1]赋值，arr[1][2]中的数据是'\0'；赋值语句“a[0][3]='&';”执行后，arr[0][3]中的数据是'&'，整个二维字符数组 arr 中的字符数据存储如图 1-6-1 所示。此时，二维字符数组只有一个结束标志'\0'，C 语言的字符串输出仅检查结束标志，因此该题的输出结果为 you&me，应选 A。

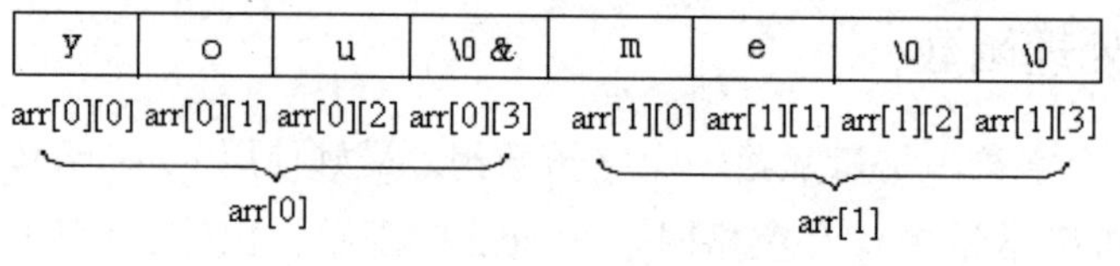

图 1-6-1　存储结果

例 6.2　以下程序的输出结果是(　　)。

A. 18　　B. 19　　C. 20　　D. 21

```
main()
{int a[3][3]={{1,2},{3,4},{5,6}},i,j,s=0;
 for (i=1;i<3;i++)
    for (j=0;j<=i;j++) s+=a[i][j];
 printf("%d\n",s);
}
```

解：程序执行时，首先对整型数组 a 进行初始化，初始化后的数组 a 中的元素与数据的分配如图 1-6-2 所示。

程序是对数组 a 的部分元素求和，采用二重循环，外层循环行标 i 从 1 到 2，内层循环列标从 0 到 i。因此，选中求和的元素为图 1-6-2 所示的 a[1][0]、a[1][1]、a[2][0]、a[2][1]、a[2][2]这 5 个数组元素，故输出结果是 18，应选 A。

	a[][0]	a[][1]	a[][2]
a[0]	1	2	0
a[1]	3	4	0
a[2]	5	6	0

图 1-6-2　a 中元素与数据的分配

例 6.3　给以下程序段中的数组的所有元素输入数据，应在下画线处填入的是_____。

A. &a[x]　　B. &a[x++]　　C. &a[++x]　　D. a[x++]

```
main()
  {int a[21],x=0;
    for(;x<21;) scanf ("%d",________);
}
```

解：答案 A 无法改变 x 的值，所以是错的；答案 C 无法给 a[0]赋值，所以是错的；答案 D 缺少地址符号&，所以是错的；只有答案 B 是正确的。

例 6.4　如下程序，如果输入 abcd(回车)efgh(回车)，程序的输出为_____。

A. abcd　　B. abcdefgh　　C. a b c d e f g　　D. abcdefg

```
main()
{char s1[30],s2[30];   int i,j;
 scanf("%s",s1); scanf("%s",s2);
 i=0;
 while(s1[i]!='\0') i++;
```

```
    j=0;
    do
      {s1[i]=s2[j];
       i++;     j++;
      }while (s2[j-1]!='\0');
    printf("%s\n",s1);
  }
```

解：程序开始定义了两个 char 型数组 s1 和 s2。通过 scanf 函数读入两个字符串分别赋值给数组 s1 和 s2，通过 while 循环语句把变量 i 的值变为 4。再执行 do-while 循环，把 s2[0]中的值赋给 s1[4]，把 s2[1]中的值赋给 s1[5]，把 s2[2]中的值赋给 s1[6]，把 s2[3]中的值赋给 s1[7]，把 s2[4]中的值('\0')赋给 s1[8]，即把数组 s2 包含的全部字符赋给数组 s1 的元素，并把'\0'放在所有字符的后面。最后，输出数组 s1 中的元素值。此时 s1 已是原来 s1 和 s2 连接后得到的新字符串，所以最后输出应如答案 B 所示。

例 6.5 编写程序：查找一个矩阵中的鞍点，输出查找结果。矩阵的鞍点是矩阵的某个元素，该元素为矩阵所在行的最小元素，所在列的最大元素。

解：在矩阵的每行查找最小元素，在行最小元素所在的列检查该元素是否为最大元素，即行最小元素集合和列最大元素集合的交集为矩阵的鞍点集合。程序代码如下。

```
#define M   5
#define N   6
main()
{int a[M][N], i,j,k,m,flag=0;
 printf("\nplease input array:\n");
 for (i=0;i<M;i++)
     for (j=0;j<N;j++) scanf("%d",&a[i][j]);    /*输入数组元素*/
 for (i=0;i<M;i++)
   {m=0;
    for (j=1;j<N;j++)
       if (a[i][j]<a[i][m]) m=j;       /*找当前行的最小元素，m 指向其列标*/
    for (k=0;k<M;k++)
       if (a[k][m]>a[i][m]) break;   /*判断该元素在其所在列是否最大*/
    if (k==M)
      {flag=1;printf("\n%d,%d,%d",i,m,a[i][m]);}   /*若该元素是鞍点，输出*/
   }
 if (flag==0) printf("\nno");
}
```

例 6.6 输入一个由字母组成的字符串，再分别以大写字母和小写字母两种形式输出该字符串。

解：大写字母与小写字母的 ASCII 码相差 32，即小写字母的 ASCII 码减去 32 等于相应大写字母的 ASCII 码，大写字母的 ASCII 码加 32 等于相应小写字母的 ASCII 码。程序代码如下。

```
#include "stdio.h";
#include "string.h"
main()
```

```
{ char str[30]; gets(str);       /*输入字符串*/
  k=0;
  while (str[k]!='\0')           /*将小写字母转换成大写字母*/
    {if (str[k]>='a' && str[k]<='z') str[k]=str[k]-32;
     k++;
    }
  puts(str);                     /*以大写字母形式输出*/
  k=0;
  while (str[k]!='\0')           /*将大写字母转换成小写字母*/
   {if (str[k]>='A' && str[k]<='Z') str[k]=str[k]+32;
    k++;
   }
 puts(str);                /*以小写字母形式输出*/
}
```

例 6.7　已知字符串 a 中的所有字符按升序排列，编写程序将字符串 b 中的每个字符插入 a 中，使插入后的字符串 a 中的所有字符仍按升序排列，然后输出插入后的字符串 a。

解：对于 b 中的每个字符 b[k]，按顺序与 a[0]、a[1]、a[2]……相比较，以便确定 b[k] 插入 a 中的位置。找到位置后，将 a 中该位置和该位置后面的所有字符平行后移一位，并将 b[k]放在该位置。程序代码如下。

```
#include"stdio.h"
main()
{char a[40]= "bdefgijkkxyyyzz"，b[20]= "dnhuygjanbceyw";
 int i,j,k;
 for (k=0;b[k]!='\0';k++)
    {j=0;
     while (b[k]>=a[j]&&a[j]!= '\0') j++;
     for (i=strlen(a);i>=j;i--) a[i+1]=a[i];
     a[j]=b[k];
    }
 puts(a);
}
```

6.4　习　　题

6.4.1　单项选择题

1. 下列关于数组的说明错误的是(　　)。

   A. char word[ ]={'C', 'h', 'i', 'n', 'a', '\0'};　　B. char word[ ]={"China\0"};

   C. char word[ ]="China\0";　　D. char word[ ]={China};

2. 下列合法的数组说明语句是(　　)。

   A. int a[ ]="string";　　B. int a[5]={0,1,3,4,5};

   C. char a="string";　　D. char a[]={0,1,2,3,4,5}

3. 函数 strlen("abc\0def\0\40")的值是(　　)。

A. 8　　B. 3　　C. 9　　D. 7

4. 下面程序段执行后，str1 是(　　)。

```
char str1[7]="abcdef",str2[7]="ABC";
strcpy(str1,str2);
```

A. ABC\0ef\0　　B. ABC\0\0\0\0　　C. abcdef\0　　D. abcABC\0

5. 下面程序段的输出结果是(　　)。

```
char str1[30]="abcdefg", str2[10]="456789";
strcat(str1, str2); puts(str1);
```

A. abcdefg　　B. 456789abcdefg

C. abcdefg　456789　　D. abcdefg456789

6. 已知 int a[5];，则对 a 数组元素的正确引用是(　　)。

A. a[5]　　B. a[2.5]　　C. a(3)　　D. a[5-5]

7. 以下对二维数组的说明中，正确的是(　　)。

A. int a[3][ ];　　B. float b(3,4);

C. int a[2][3];　　D. float a[3,4];

8. 以下不能对二维数组进行正确初始化的语句是(　　)。

A. int a[ ][3]={1,2,3,4,5,6};　　B. int a[ ][3]={{1,2},{0}};

C. int a[2][3]={{1,2},{3,4},{5,6}};　　D. int a[2][3]={0};

9. 在 C 语言中，二维数组元素在内存中的存放顺序是(　　)。

A. 按行存放　　B. 按列存放　　C. 由用户自定义　　D. 由编译器决定

10. 已知 int a[ ][3]={0,1,2,3,4,5,6};，则数组的第一维大小是(　　)。

A. 2　　B. 3　　C. 4　　D. 5

11. 若二维数组 a 有 m 列，则 a[i][j]与数组第一个元素相差(　　)个数组元素。

A. j*m+i　　B. i*m+j　　C. i*m+j-1　　D. i*m+j-1

12. 已知 char a[20],b[20];，则以下输入语句中正确的是(　　)。

A. gets(a,b);　　B. scanf("%s%s",a,b);

C. scanf("%s%s",&a,&b)　　D. gets("a");gets("b");

13. 下面说法正确的是(　　)。

A. 两个字符串所包含的字符个数相同时，才能对其进行比较

B. 字符个数多的字符串比字符个数少的字符串大

C. 字符串"SCHOOL"和字符串"SCHOOL"(后有一空格)相等

D. 两个字符串比较大小，其大小关系由它们之间第一个不相同的字符的 ASCII 码决定

14. 下面程序段的运行结果是(　　)。

```
char str[5]={'a', 'b', '\0', 'c', '\0'};
```

```
printf("%s",str);
```

A. 'a' 'b'　　B. ab　　C. ab c　　D. 不同时间运行结果不同

15. 下面程序段的运行结果是(　　)。

```
char str1[7]="abcdef",str2[4]="ABC";
strcpy(str1,str2);
printf("%c",str1[5]);
```

A. \0　　B. e　　C. f　　D. 空格

16. 有如下变量说明语句，则下列说法正确的是(　　)。

```
char str1[ ]="abcdef";
char str2[ ]={'a', 'b', 'c', 'd', 'e', 'f'};
```

A. 字符数组 str1 和字符数组 str2 的长度相同

B. 字符数组 str1 的长度大于字符数组 str2 的长度

C. 字符数组 str1 的长度小于字符数组 str2 的长度

D. 两个字符数组完全等价

17. 已知 int a[3][4];，则对数组元素的非法引用是(　　)。

A. a[0][2*1]　　B. a[1][3]　　C. a[4-2][0]　　D. a[0][4]

18. 已知有外部变量说明 int a[3][4]={0,0};，则下面叙述中正确的是(　　)。

A. 数组 a 的每个元素都可得到初始值 0

B. 数组 a 的行下标值可以是 0、1、2、3

C. 数组 a 的 12 个元素在内存中是按列的顺序依次存放的

D. 只有元素 a[0][0],a[0][1]可得到初始值 0，其余元素的值都不能确定

19. 执行下面的语句后，若要判断 a 是否大于或等于 b，应该使用(　　)。

```
char a[10], b[10]; gets(a); gets(b);
```

A. a>=b　　B. strcmp(a，b)>=0

C. strupr(a)>= strlwr(b)　　D. strlen(a)>=strlen(b)

20. 已知 char str1[10],str2[10]="books";，则在程序中能够把字符串"books"赋予数组 str1 的正确语句是(　　)。

A. str1={"books"};　　B. strcpy(str1,str2);

C. str1="books";　　D. strcpy(str2,str1);

6.4.2　填空题

1. 定义“int a[5];”后，数组 a 的最后一个元素是__________。

2. 定义数组时，对数组元素赋值叫数组的__________，对全部数组元素赋初值时，可以不指定数组的__________。

3. 定义整型数组“int a[5];”后，a 数组占用内存__________的 20 字节空间。

4. 对数组元素初始化时，若给定的初值的个数多于定义的数组元素个数，则__________。

5. 定义字符数组“str[20];”，用 str 存放一个字符串，这个字符串最多可以存放_____个字符，而最后一个数组元素 str[19]用来存放___________。

6. 函数 gets()的作用是_____________，其结束标志是_____________。

7. 多维数组在内存中是____________存放的，若有数组 A[下标 1][下标 2][下标 3]，按数组在内存中的顺序遍历此数组时，变化最快的下标是__________。

8. 系统规定的字符串结束标志是____________。

9. 若有如下定义，与之完全等价但要求逐个字符赋初值的形式是__________。

```
char str[ ]= "China";
```

10. 输入语句如下，如果输入为 Prog　raming <CR>，则此字符数组中存放的字符依次为____________。

```
char str[30];     scanf("%s",str);
```

11. 数组定义和输出语句如下，则输出结果为___________。

```
char str[ ]="abcdefg";    printf("%4.5s",str);
```

12. 如下程序段输出的结果为___________________。

```
char str[20]={'a', 'b', 'c', 'd', '\40', 'e', 'f', 'g', '\0'};
int number=strlen(str);      printf("%d",number);
```

13. 字符串比较函数 strcmp(str1,str2)，如果 str1 与 str2 相等，则其返回值为_________；如果 str1 小于 str2，则其返回值为__________；如果 str1 大于 str2，则其返回值为__________。

14. 如下矩阵元素的值存放在整型二维数组 a 中，其定义并初始化形式为___________。

$$\begin{pmatrix} 1 & 0 & 0 \\ 0 & 1 & 0 \\ 0 & 0 & 1 \end{pmatrix}$$

15. 下面程序读入 20 个整数，统计非负数的个数，并计算非负数之和。请填空。

```
#include "stdio.h"
main()
 { int i,a[20],s,count;
  ________________;
  for(i=0;i<20;i++)     scanf("%d",__________);
  for(i=0;i<20;i++)
     { if (a[i]<0)       ______________
     s+=a[i];
     count++
    }
  printf("和为%d\t 个数为%d\n",s,count);
 }
```

16. 下面程序分别求出 3 阶矩阵(存储在数组 a 中)两条对角线上的各元素之和。

```
#include "stdio.h"
main()
 {int a[3][3]={1,2,3,4,5,6,7,8,9};
  int   sum1,sum2,k,j;
  sum1=sum2=0;
  for(k=0;k<3;k++)           ____________a[k][k];
  for(k=0;k<3;k++)
     for(________________;j--)
        if(_________)    sum2=sum2+a[k][j];
  printf("sum1=%d\tsum2=%d\n",sum1,sum2);
 }
```

6.4.3　阅读程序写结果题

1.
```
#include <stdio.h>
main()
{int   i,j, a[6]={12,4,17,25,27,16},b[6]={27,13,4,25,23,16};
 for ( i=0; i<6; i++)
   {for (j=0;j<6;j++)   if (a[i]==b[j])   break;
    if (j<6)   printf("%d",a[i]);
   }
}
```

2.
```
main()
{int a[3][3], sum=0;   int i,j;
 printf("please input element:\n");
 for (i=0;i<3;i++)
    for (j=0;j<3;j++)   scanf("%d",&a[i][j]);
 for (i=0;i<3;i++)   sum=sum+a[i][i];
 printf("%d",sum);
}
```

运行该程序时，按顺序输入前 9 个自然数 1~9。

3.
```
# include<stdio.h>
main()
{int   a[8]={1,0,1,0,1,0,1,0},   i;
 for (i=2; i<8;i++)   a[i] = a[i]+a[i-1]+a[i-2];
 for (i=0; i<8;i++)     printf("%d",a[i]);
 printf("\n");
}
```

4.
```
#include<stdio.h>
int a[3][4]={{1,2,3,4},{5,6,7,8},{9,10,11,12}};
main()
{int   s, k;
 for (s=0, k=0; k<3; k++)     s+=a[k][k];
 printf("%d--", s);
 for (s=0, k=0; k<3; k++)     s+=a[k][3-k];
 printf("%d--", s);
 for (s=0, k=0; k<4; k++)     s+=*(a[1]+k);
```

```
  printf ("%d\n",s );
 }
```

5. main()

```
  {int i;   int f[20]={1,1};
   for (i=2;i<20;i++)   f[i]=f[i-1]+f[i-2];
   for (i=0;i<20;i++)
     {if (i%5==0)   printf("\n");
      printf("%12d",f[i]);
     }
  }
```

6. main()

```
 { int a[10];   int i,j,k,t;    printf("input 10 numbers:\n");
  for (i=0;i<10;i++)   scanf("%d",&a[i]);    printf("\n");
  for(j=0;j<9;j++)
    for(k=0;k<10-j-1;k++)
      if (a[k]>a[k+1])   {t=a[k]; a[k]=a[k+1]; a[k+1]=t;}
  printf("the sorted numbers:\n");
  for(i=0;i<10;i++)   printf("%d   ",a[i]);   printf("\n");
 }
```

运行该程序时输入的值是56　78　34　12　9　0　32　7　11　31。

7. main()

```
  {int a[10];   int i,j,t,p;
   for(i=0;i<10;i++)   scanf("%d",&a[i]);
   for(i=1;i<=9;i++)
     {p=i-1;
      for(j=i;j<=9;j++)    if (a[j]<a[p]) p=j;
      if (p!=i-1)    {t=a[p];a[p]=a[i-1];a[i-1]=t;}
     }
   printf("the sorted numbers:\n");
   for(i=0;i<10;i++)   printf("%d   ",a[i]);   printf("\n");
  }
```

运行该程序时输入的值是4　2　8　1　3　0　7　5　9　6。

8. main()

```
 {int a[2][3]={{1,2,3},{4,5,6}}, b[3][2],i,j;
  for (i=0;i<=1;i++)
    {for (j=0;j<=2;j++)   printf("%5d",a[i][j]);   printf("\n");  }
  for(i=0;i<=1;i++)
    for(j=0;j<=2;j++)   b[j][i]=a[i][j];
  for(i=0;i<=2;i++)
    {for(j=0;j<=1;j++)   printf("%5d",b[i][j]);    printf("\n");  }
 }
```

9. main()

```
 {int i,j,r,c,max;   int a[3][4]={{1,3,4,2},{-10,9,12,0},{6,7,8,9}};
  max=a[0][0]; r=0; c=0;
  for(i=0;i<3;i++)
    for(j=0;j<4;j++)
```

```
        if(a[i][j]>max) { max=a[i][j]; r=i;   c=j;   }
    printf("max=%d,row=%d,column=%d\n",max,r,c);
  }
```

10. main()

```
{char ch[12]="Beijing";   int i;
 for (i=0;i<12;i++)   printf("%c",ch[i]);   printf("\n");
 for (i=0;ch[i]!='\0';i++)   printf("%c",ch[i]);
 printf("\n");   printf("%s",ch);   printf("\n");   puts(ch);
}
```

11. main()

```
{int a[11]={1,4,6,9,13,16,19,28,40,100};   int t1,t2,num,end,i,j;
 printf("original array is :");
 for (i=0;i<10;i++)   printf("%5d",a[i]);
 printf("\n");
 printf("please input a number:");
 scanf("%d",&num);        end=a[9];
    if (num>end)    a[10]=num;
    else {for (i=0;i<10;i++)
              {if (num<a[i])
                 {t1=a[i];   a[i]=num;
                  for (j=i+1;j<11;j++)      {t2=a[j]; a[j]=t1; t1=t2; }
                  break;
                 }
              }
          }
    for (i=0;i<11;i++)   printf("%5d",a[i]);
  }
```

运行该程序时输入的 num 值为 5。

12. main()

```
{ int a[5]={8,6,5,4,1},i,temp;
  printf("\n original array is:");   for (i=0;i<5;i++)   printf("%4d",a[i]);
  for (i=0;i<5/2;i++)   {temp=a[i];   a[i]=a[5-i-1];   a[5-i-1]=temp; }
  printf("\n the latter array is:");   for (i=0;i<5;i++) printf("%4d",a[i]);
}
```

13. main()

```
{int i,j,up,low,dig,spa,oth;   char text[3][80];   up=low=dig=spa=oth=0;
 for (i=0;i<3;i++)
  {printf("\n 输入第 %d 行字符\n",i);      gets(text[i]);
   for (j=0;j<80 && text[i][j]!='\0';j++)
      {if (text[i][j]>='A' && text[i][j]<='Z')   up+=1;
       else if (text[i][j]>='a' && text[i][j]<='z')   low+=1;
       else if (text[i][j]>='0' && text[i][j]<='9')   dig+=1;
       else if (text[i][j]==' ')   spa+=1;
       else   oth+=1;
      }
  }
for (i=0;i<3;i++)     printf("%s\n",text[i]);
printf("大写字符数:%d\n",up);     printf("小写字符数:%d\n",low);
```

```
  printf("数字数:%d\n",dig);   printf("空格数:%d\n",spa);
  printf("其他字符数:%d\n",oth);
}
```

运行该程序时输入的 3 个字符串分别如下。

```
I am a student
123456*#*
ASDFG
```

14. main()

```
  {char a[5]={'*','*','*','*','*'};   int i,j,k;    char space=' ';
   for (i=0;i<=4;i++)
    {printf("\n");
     for(j=1;j<=3*i;j++)   printf("%c",space);
     for (k=0;k<=4;k++)   printf("%3c",a[k]);
    }
  }
```

15. #include <stdio.h>

```
  main()
    {char s1[80],s2[40];     int i=0,j=0;
     printf("\n please input string1:");    gets(s1);
     printf("\n please input string2:");    gets(s2);
     while (s1[i]!='\0')   i++;
     while (s2[i]!='\0')   s1[i++]=s2[j++];
     s1[i]='\0';    printf("\nthe result is : %s",s1);
   }
```

请写出该程序所实现的功能。

16. #include <stdio.h>

```
  main()
  {int i,result;   char s1[100],s2[100];
   printf("input string1:");   gets(s1);
   printf("\n input string2:");   gets(s2);
   i=0;
   while ((s1[i]==s2[i]) && (s1[i]!='\0'))   i++;
   if  (s1[i]=='\0' && s2[i]=='\0')   result=0;
   else   result=s1[i]-s2[i];
   printf(" %s and %s compare result is %d",s1,s2,result);
  }
```

运行该程序时输入的 string1 是 aid，string2 是 and。

17. #include "stdio.h"

```
  main()
  {char from[80],to[80];   int i;
   printf("input string:");   gets(from);
   for (i=0;i<=strlen(from);i++)    to[i]=from[i];
   to[i]='\0';
   printf("the result is: %s\n",to);
  }
```

运行该程序时输入的字符串 from 为 student。

6.4.4　编写程序题

1. 整型一维数组中存放互不相同的 10 个数。从键盘输入一个数，输出与该数相同的数组元素的下标。

2. 输入若干学生的成绩(用负数结束输入)，计算其平均成绩，并统计不低于平均分的学生人数。

3. 求一个 6×6 矩阵中大于零的元素之和。

4. 将一维数组的元素值逆序存放后的输出结果。

5. 用筛选法求 100 以内的素数(算法：用从 2 到 100 的平方根之间的每个数按顺序去除大于该数且小于等于 100 之间的每个数，凡能被整除的且不是素数的筛掉，剩下的就是素数)。

6. 要求用选择法对 10 个实数进行排序。

7. 从键盘输入一个数 b，将数组 a 中与 b 相同的数都删除。被删除的数组元素的位置由后面数组元素依次前移一位来填补。

8. 从 10 个字符串中查找最长的字符串。每个字符串不超过 80 个字符。

9. 判断某个单词在一个英文句子中是否出现。

10. 输入一行英文句子，将其中的空格用'*'取代，然后输出。

11. 将一个字符串中的大写字母和数字复制到另一个字符串中，然后分别输出两个字符串。

12. 输入 10 种商品的名称和单价，对单价从小到大排序，输出排序后的商品名称和单价。

13. 利用二维数组输出如下矩阵。

```
1  1  1  1  1
2  1  1  1  1
3  2  1  1  1
4  3  2  1  1
5  4  3  2  1
```

14. 将一维数组元素的最大值与第一个数组元素的值交换，最小值与最后一个数组元素的值交换。

15. 分别统计字符串中所有英文字母中的各元音字母的个数。

16. 输入 1 个字符串，按字母出现的次序输出其中所出现过的大写英文字母。如运行时输入字符串"FONTNAME and FILENAME"，应输出"F O N T A M E I L"。

17. 输入一个字符串，将组成字符串的所有非英文字母的字符删除后输出。如输入"abc123+xyz.5"，应输出"abcxyz"。

18. 两个一维数组长度相同，将它们对应位置的元素值相加后输出。

19. 将数组 a 的每 1 行均除以该行上绝对值最大的元素。

20. 数组元素 x[i]、y[i]表示平面上某点坐标，统计所有各点间的最短距离。

21. 求一维数组 x 的 10 个元素的平均值 v，找出与 v 相差最小的数组元素。

22. 输入 N 个国家的英文名称，然后按字母顺序从小到大排列输出。

23. 将 100 件商品的英文名称存储在数组中，输出名称的第 3 个字符是 b 的所有商品的英文名称，再输出名称的长度小于 6 个字符的商品的英文名称。

6.5 习题参考答案

6.5.1 单项选择题答案

1. D　2. B　3. B　4. A　5. D　6. D　7. C　8. C　9. A　10. B
11. B　12. B　13. D　14. B　15. C　16. B　17. D　18. A　19. B　20. B

6.5.2 填空题答案

1. a[4]　　2. 初始化　第一维长度
3. 连续　　4. 出错
5. 19　\0　　6. 从键盘输入一个字符串给字符数组　回车符
7. 一维线性　下标 3　　8. '\0'
9. char str[ ]={ 'C', 'h', 'i', 'n', 'a', '\0'}；
10. 'P', 'r', 'o', 'g', '\0'
11. abcde　　12. 8
13. 0　一负整数　一正整数
14. int a [3][3]={{1},{0,1},{0,0,1}};
15. s=count=0;　&a[i];　continue;
16. sum1=sum1+　j=2;j>=0　k+j==2

6.5.3 阅读程序写结果题答案

1. 4　25　27　16　　2. 15
3. 1　0　2　2　5　7　13　20　　4. 18　21　26
5.
```
1     1     2     3     5
8     13    21    34    55

89    144   233   377   610
987   1597  2584  4181  6765
```
6. 0　7　9　11　12　31　32　34　56　78
7. 0　1　2　3　4　5　6　7　8　9
8. 1　2　3

4　5　6
1　4
2　5
3　6

9. max=12, row=1, column=2

10. beijing
beijing
beijing
beijing

11. original　array　is:1　4　6　9　13　16　19　28　40　100
please　input　a　number: 5
1　4　5　6　9　13　16　19　28　40　100

12. original　array　is:　8　6　5　4　1
the　latter　array　is :　1　4　5　6　8

13. 大写字符数：6
小写字符数：10
数字数：6
空格数：3
其他字符数：3

14.
```
*  *  *  *  *
   *  *  *  *  *
      *  *  *  *  *
         *  *  *  *  *
            *  *  *  *  *
```

15. 可将两个字符串连接起来(不用函数 strcat)。

16. aid　and　and　compare　result　is　-5

17. input　string :　student
the　result　is : student

6.5.4　编写程序题参考答案

1.
```
main()
{int a[10], b, k;
 for(k=0; k<10; k++)   scanf("%d", &a[k]);
 scanf("%d", &b);
 for(k=0; k<10; k++)
    if (a[k]==b)
       {printf("%d",k); break;}
 }
```

2.
```
#define N    40
main()
{int i,n=0,count=0;
 float a[N],score,total=0, ave;
 printf("Input data:");    scanf("%f",&score);
 while (score>=0)
    { a[n]=score;    n++;    total=total+score; scanf("%f",&score); }
 ave=total/n;
 for (i=0;i<n;i++)
    if (a[i]>=ave) count++;
 printf("ave=%f,count=%d\n",ave,count);
}
```

3.
```
#include "stdio.h"
#define N    6
main()
{float a[N][N],sum=0;    int i,j;
  printf("please input rectangle element:\n");
  for(i=0;i<N;i++)
  for(j=0;j<N;j++)    scanf("%f",&a[i][j]);
  for(i=0;i<N;i++)
     for(j=0;j<N;j++)
        if (a[i][j]>0) sum=sum+a[i][j];
   printf("%f\n",sum);
}
```

4. 算法是将第 1 个元素值与倒数第 1 个元素值交换，将第 2 个元素值与倒数第 2 个元素值交换，……，如此交换到数组的中间元素。

```
#include "stdio.h"
#define    N    5
main()
{ int a[N]={9,6,5,4,1},i,temp;
  for(i=0;i<N;i++)    printf("%d",a[i]);
  for(i=0;i<N/2;i++)
     { temp=a[i]; a[i]=a[N-i-1]; a[N-i-1]=temp; }
  printf('\n');
  for(i=0;i<N;i++) printf("%d",a[i]);
}
```

5.
```
# include "math.h"
main()
{int i,j,n,a[101];
 for (i=1;i<=100;i++) a[i]=i;
 for (i=2;i<sqrt(100);i++)
    for (j=i+1;j<=100;j++)
      {if (a[i]!=0 && a[j]!=0)
        if (a[j]%a[i]==0)    a[j]=0; /*筛掉非素数，使其对应的数组元素值为0*/
      }
   for (i=2,n=0;i<=100;i++)
      {if (a[i]!=0){printf("%4d", a[i]);    n++; } /*非 0 数组元素为素数*/
```

```
        if (n==10) {printf("\n"); n=0; }
      }
  }
```

6.
```
#include "stdio.h"
#define N 10
main()
{ int i, j, min； float a[N] , tem;
    printf("please input ten num:\n");
    for(i=0;i<N;i++) scanf("%f",&a[i]);
    for(i=0;i<N;i++)   printf("%f， ",a[i]); printf("\n");
    for(i=0;i<N-1;i++)
       { min=i;
        for(j=i+1;j<N;j++)
           if(a[min]>a[j])   min=j;
        tem=a[i]; a[i]=a[min]; a[min]=tem;
       }
    for(i=0;i<N;i++) printf("%f， ",a[i]);
 }
```

7.
```
# define   N   10
 main()
{int k,b,m,n, a[N];   k=0;
printf("输入数组 a 的 10 个数\n");
while (k<N)   {scanf("%d",&a[k]); k++; }
for (k=0; k<N; k++) printf("%4d",a[k]);
printf("\n");
printf("输入被删除的数\n"); scanf("%d",&b);
k=0; n=0;
while(k<N)
   {if (b==a[k])
       { n++;
        for (m=k; m<N; m++) a[m]=a[m+1];
       }
   else k++;
   }
 for (k=0;k<N-n;k++) printf("%4d",a[k]);/*打印删除后剩余的所有数*/
}
```

8.
```
# include "stdio.h"
# include "string.h"
# define N   10
main()
{char str[N][80],ch[80];
 int i,sp;
 for (i=0;i<N;i++)   gets(str[i]);
 sp=0;   strcpy(ch,str[0]);
 for (i=1;i<N;i++)
    if (strlen(ch)<strlen(str[i]))
       {sp=i; strcpy(ch,str[i]); }
 printf("下标为%d 的字符串%s 最长，有%d 个字符\n",sp,ch,strlen(ch));
}
```

9. main()
```
{int flag=0,i=0,k;    char work1[80],work2[20],sty[20];
 printf("输入英文句子:"); gets(work1);/*输入句子*/
 printf("输入单词:") ;    gets(sty) ; /*输入单词*/
 do
    { k=0;
     while(work1[i]==' ') i++;       /*考虑单词前的空格*/
     while (work1[i]!='\0' && work1[i]!=' ')
        {work2[k++]=work1[i];i++;}
     work2[k]='\0'; /*按顺序将句子中的每个单词提取出来，存储在 work2 中*/
     if (strcmp(work2,sty)==0)       /*将提取出来的单词与输入的单词比较*/
        {flag=1;break;} /*找到输入的单词后，用 break 语句结束 do-while 循环*/
 }while (work1[i]!='\0');
  if (flag==1)    {printf("单词出现于英文句子里\n");puts(work2);}
  else     printf("单词没有出现于英文句子里\n");
}
```

10. main()
```
{int i=0,k;    char str[20];    gets(str);
 for(k=0; str[k]!='\0'; k++)    if(str[k]==' ')      str[k]= '*';
 puts(str);
 }
```

11. # include "stdio.h"
```
# include "string.h"
main()
{ char a[80]，b[80]; int k,n=0;
   gets(a);
   for (k=0;a[k]!='\0';k++)
       if ('A'<=a[k] && a[k]<='Z'|| '0'<=a[k] && a[k]<='9')
   b[n++]=a[k];
   b[n]='\0';
   puts(a);    puts(b);
}
```

12. # include "string.h"
```
main()
{ char mc[10][30],huan[30]; int i,j,k,dj[10];
 for (i=0;i<10;i++) gets(mc[i]);                /*输入 10 种商品的名称*/
 for (i=0;i<10;i++) scanf("%d", &dj[i]);   /*输入与商品名称按顺序对应的单价*/
 for (i=0;i<10-1;i++)                          /*对单价从小到大排序*/
    for (j=i+1;j<10;j++)
       if (dj[i]>dj[j])
          {k=dj[i]; dj[i]=dj[j]; dj[j]=k;
           strcpy(huan,mc[i]); strcpy(mc[i],mc[j]); strcpy(mc[j],huan);
          }
       /*由于商品名称和单价按顺序对应，所以交换单价的同时要交换名称*/
  for (i=0;i<10;i++)
          { puts(mc[i]); /*输出商品名称和按顺序与之对应的单价*/
            printf("%d\n", dj[i]);
          }
}
```

13. 矩阵对角线及其上方(行下标小于或等于列下标)的元素值都是 1。对角线下方的元素第一列按顺序是前 5 个自然数，其他列每个元素等于其左上方的元素值。

```
#include "stdio.h"
main()
{int i,j,a[6][6];
 for (i=1;i<=5;i++)
    for (j=1;j<=5;j++)
      {if (i<=j) a[i][j]=1;/*给对角线及其上方元素赋值*/
       if (j==1) a[i][j]=i; /*给第一列元素赋值*/
      }
  for (i=1;i<=5;i++)
     for (j=1;j<=5;j++)
        if (i>j && j!=1) a[i][j]=a[i-1][j-1];
  for (i=1;i<=5;i++)
     {for (j=1;j<=5;j++)   printf("%5d",a[i][j]);
      printf("\n");
     }
 }
```

14.
```
main()
 {int a[10], k, max, min, b1, b2, t;
  for (k=0;k<10;k++)   scanf("%d", &a[k]);
  max=min=a[0];
  for (k=1;k<10;k++)
     {if (a[k]>max) {max=a[k]; b1=k;}
      if (a[k]<min) {min= a[k]; b2=k;}
     }
  t=a[0];   a[0]=a[b1];   a[b1]=t;
  t=a[9];   a[9]=a[b2];   a[b2]=t;
  for (k=0;k<10;k++)   printf("%d,", a[k]);
 }
```

15.
```
#include <stdio.h>
#include <ctype.h>
main()
{char a[80]; int n[5]={0},i; gets(a);
 for(i=0; a[i]!='\0'; i++)
    switch(tolower(a[i]))
       { case 'a': n[0]++; break;
         case 'e': n[1]++; break;
         case 'i': n[2]++; break;
         case 'o': n[3]++; break;
         case 'u': n[4]++;
       }
 for(i=0;i<5;i++) printf("%d\n",n[i]);
}
```

16.
```
#include <stdio.h>
main()
{char x[80],y[26]; int i,j,ny=0; gets(x);
    for(i=0;x[i]!='\0';i++)
```

```
        if(x[i]>='A' && x[i]<='Z')
          {for(j=0;j<ny;j++)   if(y[j]==x[i]) break;
           if(j==ny)   { y[ny]=x[i]; ny++; }
          }
    for(i=0;i<ny;i++) printf("%c ",y[i]);
    printf("\n");
  }
```

17.
```
#include <stdio.h>
#include <string.h>
main()
{char str[256]; int i,j,k=0,n;
 gets(str); n=strlen(str);
 for(i=0;i<n;i++)
    if (tolower(str[i])>='a' && tolower(str[i])<='z')
         {str[k]=str[i];   k++; }
          str[k]='\0';
          printf("%s\n",str);
         }
```

18.
```
#define   N   10
#include <stdio.h>
main()
{int a[N], b[N], k;
 for(k=0; k<N; k++)
    scanf("%d, %d ", &a[k], &b[k]);
 for(k=0; k<N; k++)
    printf("%d \n", a[k]+b[k]);
}
```

19.
```
#include <stdio.h>
#include <math.h>
main()
{float a[3][3]={{1.3,2.7,3.6},{2,3,4.7},{3,4,1.27}}; float x; int i,j;
 for(i=0;i<3;i++)
   {x=a[i][0];
    for(j=1;j<3;j++) if(fabs(x)<fabs(a[i][j])) x=a[i][j];
    for(j=0;j<3;j++) a[i][j]/=x;
   }
 for(i=0;i<3;i++)
   {for(j=0;j<3;j++)   printf("%10.6f",a[i][j]);
    printf("\n");
   }
}
```

20.
```
#include <stdio.h>
#include <math.h>
#define len(x1,y1,x2,y2) sqrt((x1-x2)*(x1-x2)+(y1-y2)*(y1-y2))
main()
{int i,j; float c,minc;
 float x[]={1.1,3.2,-2.5,5.67,3.42,-4.5,2.54,5.6,0.97,4.65};
 float y[]={-6,4.3,4.5,3.67,2.42,2.54,5.6,-0.97,4.65,-3.33};
 minc=len(x[0],y[0],x[1],y[1]);
```

```
    for(i=0;i<sizeof(x)/sizeof(x[0])-1;i++)
        for(j=i+1;j<sizeof(x)/sizeof(x[0]);j++)
          { c=len(x[i],y[i],x[j],y[j]);
            if(minc>c) minc=c;
          }
     printf("%f",minc);
  }
```

21.
```
#include <stdio.h>
#include <math.h>
main()
{ int i,k=0;
  float x[10]={7.23,-1.5,5.24,2.1,-12.45,6.3,-5,3.2,-0.7,9.81},d,v=0;
  for(i=0;i<10;i++) v+=x[i]; v=v/10; d=fabs(x[0]-v);
  for(i=1;i<10;i++)
     if(d>fabs(x[i]-v))
        { d=fabs(x[i]-v);    k=i; }
  printf("%.5f",x[k]);
}
```

22. 编程思路是：由一个二维字符数组来存储 N 个国家名，每行存储一个国家名对应的字符串，然后对这 N 个字符串用选择法排序，最后输出排序结果。程序代码如下。

```
#define   N   10
main()
{char st[20], cs[N][20];
 int i,j,p;
 printf("input country's name:\n");
 for(i=0; i<N; i++)    gets(cs[i]);
 for(i=0; i<N-1; i++)
    { p=i; strcpy(st,cs[i]);
     for(j=i+1; j<N; j++)
        if(strcmp(cs[j],st)<0) {p=j;strcpy(st,cs[j]);}
     if(p!=i) {strcpy(st,cs[i]); strcpy(cs[i],cs[p]); strcpy(cs[p],st); }
     puts(cs[i]);
    }
}
```

23.
```
# include <string.h>
# include <stdio.h>
main()
{int k;   char str[100][80];   /*设每个英文名称长度小于 80*/
 for(k=0; k<100; k++)    gets(str[k]);
 for(k=0; k<100; k++)
    {if (str[k][2]=='b')    puts(str[k]);
     if (strlen(str[k])<6)    puts(str[k]);
    }
}
```

第7章　函　　数

7.1　本 章 要 点

7.1.1　函数的定义

C 语言程序由函数组成，C 语言本身提供了标准库函数和必须包含的 main 函数。除此之外，用户还可以根据需要定义任意多个自定义函数。这些函数可以与 main 函数放在一个源文件中，也可以分别放在不同的源文件中单独编译，形成独立的模块(.OBJ 文件)，然后链接在一起，形成可执行文件(.EXE 文件)。

函数定义的一般格式如下。

格式 1：

```
类型名　函数名(数据类型标识 形式参数 1, 数据类型标识 形式参数 2……)
        {说明语句和执行语句}
```

格式 2：

```
类型名　函数名(形式参数表)
                形式参数说明;
        {说明语句和执行语句}
```

需要说明的是：

(1) 函数的定义在程序中都是平行的，不允许在一个函数内部再定义一个函数。

(2) 函数名前的类型名用来说明函数值的类型，可以是任何简单类型，如整型、字符型、双精度型和指针型等。当函数值为整型时类型名可以省略。当函数只完成特定操作而不需要返回函数值时，可以使用类型名 void。

(3) 函数名和各个形式参数都是由用户命名的合法标识符。在同一程序中，函数名必须唯一，形式参数名相当于函数的局部变量，只需要在该函数中唯一即可，不同函数的形式参数名可以相同。

(4) 在定义函数时，括号内的每一个形式参数都必须独立声明其所属类型，多个参数之间用逗号分隔。当所定义的函数没有参数时，函数名后面的括号不能省略。

特别提醒：

对于 **int add(int a, int b)**，不能写成 **int add(int a,b)**。

(5) 函数体包括说明语句部分和执行语句部分，用一对大括号进行定界。在没有特殊说明时，函数体内定义的变量均为局部变量，它们只在函数执行时有效。因此，不同函数中的局部变量可以同名，互不干扰；执行语句部分是完成函数功能的实体，由若干条语句构成，经编译后，形成指令序列。

(6) 函数体可以为空，即空函数。

7.1.2　函数的参数和返回值

函数的参数包括形式参数(简称形参)和实际参数(简称实参)两种。

形式参数是指函数定义时指定的参数，相当于函数的局部变量；实际参数是指函数调用时由主调函数向被调函数传递的参数值。

函数的返回值是通过函数调用使主调函数得到一个确定的有意义的值，通过 return 语句返回。

需要说明的是：

(1) 实参可以是常量、变量或表达式。

(2) 在被定义的函数中必须指定形参类型。

(3) 实参与形参类型应一致或赋值兼容。

(4) C 语言中规定，实参对形参的数据传递方向是“值传递”，即单向传递。

(5) 一个函数中可以包含多个 return 语句，但每一次调用只执行其中一条语句。

(6) 当 return 语句中的表达式值的类型与指定的函数返回值类型不一致时，则以函数返回值类型为准，系统会自动进行类型转换。

7.1.3　函数调用

(1) 函数调用的一般格式如下。

```
函数名(实参列表)
```

如果函数为无参函数，则调用时实参列表为空，但小括号不能省略。

(2) 函数调用的方式有两种。

① 函数语句方式，作为一条独立的语句，完成特定操作。

② 函数表达式方式，函数调用出现在任何允许表达式出现的地方，参与运算。

(3) 主调函数与被调函数之间数据传递的方式。C 语言中规定，实参与形参之间只有“按值”传递一种方式，即实参的值可以传递给形参，但形参的值不能传递给实参。

① 常量、普通变量或表达式做实参，相应的形参应是同类型的变量，形参的变化不会影响实参。

② 变量的地址值或指针变量做实参，相应的形参应是同类型的指针变量。这种地址值的传递，形参内容的改变会影响实参变量。

(4) 函数的嵌套调用。所谓函数的嵌套调用，即一个函数在作为被调函数的同时，也作为主调函数调用另一个函数。

(5) 函数的递归调用。函数的递归调用是函数嵌套调用的一种特例，即一个函数在完成函数功能时，直接或间接地调用其自身，前者称为直接递归调用，后者称为间接递归调用。

7.1.4　函数声明

除 main()函数以外，用户自定义函数应该遵循“先声明，后调用”原则。如果函数的定义在其调用之后，应该在程序的前面对该函数进行声明。

如果被调函数的定义出现在主调函数的前面，则被调函数可以不做声明。

函数声明的一般格式如下。

```
数据类型标识 函数名(形参类型 1, 形参类型 2, ……);
```

7.1.5　数组名作为函数参数

数组名作为函数参数，传递的是实参数组占内存单元的首地址。被调函数可以通过形参数组间接引用实参数组。因此，可以通过修改形参数组达到修改实参数组的目的。

7.1.6　全局变量和局部变量

局部变量也称内部变量，是指在一个函数内部定义的变量，这类变量只在本函数范围内有效，即只有本函数才能引用它们。局部变量只在函数被调用时分配内存空间，函数调用结束时，系统将自动回收该函数内定义的全部局部变量所占用的内存空间。

所谓全局变量，也称外部变量，因其定义在函数的外部，其有效范围是从变量定义的位置开始到本源文件结束为止。

需要说明的是：

如果在同一源程序文件中外部变量与局部变量同名，则在局部变量的有效范围内，外部变量被“屏蔽”，即不能被访问。

7.1.7　变量的存储类别

存储类别是指数据在内存中存储的方法，从变量值存在的时间(生命期)角度，可以将变量的存储方式分为两类：静态存储类和动态存储类，包括自动的(auto)、静态的(static)、寄存器的(register)和外部的(extern)这 4 种。

(1) 自动(auto)变量是局部变量的默认存储类别，在定义该类变量时可以不必指出其存储类别，这也是使用最多的一种存储类别。属于该类的变量在函数调用时分配存储空间，当函数调用结束时自动释放其所占的内存空间。

(2) 用关键字 static 可以修饰局部变量，也可以修饰外部变量。当修饰局部变量时，即定义静态局部变量，其存在时间从定义处到程序运行结束(非函数运行结束)，但引用的范围仍仅限于定义该变量的函数内部；当用关键字 static 修饰外部变量时，其作用是使定义的外部变量只能在定义该变量的程序文件中引用，而不能被其他程序文件所共享。

(3) register类型变量的使用属性与auto类变量相同。建议读者不必在程序中定义这类变量，对于改善程序的效率有害无益，这是一种过时的做法。

(4) extern 的用途是对函数中引用到的外部变量进行声明，注意不是定义变量，这一点与前三者都不一样。外部变量的声明既可以在函数的内部进行，也可以在函数的外部进行。

7.1.8　内部函数与外部函数

所谓内部函数，即只能在定义该函数的程序文件内部被调用，其定义格式就是在一般函数定义的函数首部前添加static。如果在函数首部前添加extern，则此函数为外部函数。

7.2　本 章 难 点

7.2.1　参数的传递

参数是实现从主调函数向被调函数传递信息的主要途径。在C语言程序中，参数的传递都是单向传递，即把实参的值传递给形参。

形参相当于被调函数中的一个自变量，函数被调用时，分配存储空间，函数调用结束时，释放其所占用的存储空间。

实参可以是变量，也可以是表达式，实参的类型应该与形参类型一致。函数调用时，实参的个数应该与形参的个数一致。

7.2.2　函数的声明

当函数的声明位于该函数定义之前时，应该注意以下几个方面。

(1) 函数声明时的形参列表可以省略。

(2) 函数的声明不是对函数的定义。

(3) 当函数的返回值类型为整型或字符型时，即使函数被调用在前，而定义在后，也可以不对该函数进行声明，其原因是系统把没有进行声明的函数默认为其返回值为整型。但不声明的做法不值得提倡，因为函数的声明除了检查函数的返回值以外，还需要检查函数的参数是否与调用时的实参一致。且声明时，也可以提醒程序人员注意参数的使用，以免出错。

(4) 函数声明既可以在函数的内部进行，也可以在函数的外部进行。

7.2.3　函数的递归调用

如果一个问题可以用递归方法解决，则必须符合以下条件。

(1) 这个问题应该存在规模问题，且大规模问题的解决可以转化为小规模的问题加以解决，即存在递归表达式。

(2) 存在明确的递归结束条件，即当规模小到一定程度时，问题不再使用递归方法解决，而是可以直接得出问题的解。

递归所能解决的问题通常都有与之相对应的非递归算法，但有时非递归算法非常复杂。所以对于本身具有很强递归特性的问题，通常选择递归方法解决。尽管递归方法在运算过程中需要使用大量的栈空间，且速度比非递归算法一般都要慢一些。

7.2.4　数组名作为函数参数

数组名作为函数参数是一种非常重要的参数传递形式，使用时应注意如下事项。

(1) 数组名作为函数参数时，要求形参数组与实参数组的类型严格一致。

(2) 当形参数组为一维数组时，可以省略其大小，对于需要指定数组长度的情况，通常用设置另一个形参的方式实现。

(3) 数组名作为函数参数，其实质传递的是一个指针(地址)，即实参数组的首地址，详细情况可参阅第 9 章的相关内容。

7.2.5　变量的作用范围

变量的作用范围是指可以引用该变量的区域，如果该区域是一个函数，那么这类变量称为局部变量。如果该区域是一个程序文件甚至整个程序，则称这类变量为全局变量。

局部变量定义在某个函数的内部，从其存在时间(存储类别)上考虑，局部变量有自动变量和静态局部变量之分，前者是一种默认类别。

自动局部变量是使用最广泛的一类变量类型，具有“用则分配空间，不用则释放空间”的特点，从而节省程序的空间开销，另外，不同函数中可以定义同名的局部变量。

全局变量定义在函数的外部，从其存储类别上也可以有两种：一种是可以被整个程序所引用的变量，这是一种默认存储类别；另一种是只能在定义该变量的文件中引用的变量，这类变量在定义时加上关键字 static。

7.2.6　静态存储类别

这里分析的静态存储类别指的是用关键字 static 修饰的变量类型。前面已经提到，static 既可以用来修饰局部变量，也可以修饰全局变量。

静态局部变量与全局变量一样，它所占用的存储空间在整个程序运行期间都不释放。也就是说，多次调用同一函数时，每次引用函数内部定义的静态局部变量都是引用同一内存单元，所以每次调用时，该静态局部变量的值都是上一次调用后该变量的值(自动变量因为多次调用会重新分配空间，所以每次调用都是一个新的值)。这一点在某些特殊情况下非常有用。

7.3　例 题 分 析

例 7.1　调用下面函数 4 次，每次传递给该函数的实参分别是'e'、'H'、'#'、'3'，那么该函数的返回值分别是(　　)。

```
char   fun(char ch)
{if (65<=ch && ch<=90)   return(ch+32);
 if (97<=ch && ch<=122)   return(ch-32);
 if (48<=ch && ch<=57)   return('9');
 return('*');
}
```

解：不论在一个函数中有几个 return 语句，每次调用该函数时，只能执行到某一个 return 语句。当实参是'e'时，返回值是'E'。当实参是'H'时，返回值是'h'。当实参是'#'时，返回值是'*'。当实参是'3'时，返回值是'9'。所以，答案为：'E'、'h'、'*'、'9'。

例 7.2　以下函数是求 x 的 y 次幂，请填空。

```
double fun(double x,int y)
  {if(_________)   return 1.0;
   else    return ___________;
  }
```

解：这是用于求 x 的 y 次幂的递归算法。根据递归的特点，需要有递归的出口，即递归结束条件，再就是递归表达式。当 y=0 时，$x^y=1$，而其他情况下，$x^y=x*x^{y-1}$，根据这一分析，前一空应填入 y==0，而后一空应填入 x*fun(x,y-1)。

例 7.3　如下程序的运行结果是(　　)。

```
  #include <stdio.h>
  fun(int a)
  { int b=0;   static int c=3;
    b=b+1;   c+=2;
    return(a+b+c);
  }
main()
{int a=2,j;
 for(j=0;j<3;j++,a++)   printf("%d, ",fun(a));
}
```

A. 8,9,10　　B. 8,12,16　　C. 8,11,14　　D. 8,10,12

解：程序中的变量 c 是一个静态局部变量，每次调用函数 fun 时，其值都使用上一次调用后 c 的值，所以先后 3 次调用时，c 的值分别是 5、7、9，而变量 b 是一自动变量，每次调用时，b 的初值都重新被赋为 0，根据以上分析，得出选项 C 正确。

例 7.4　下列程序的运行结果是(　　)。

```
#include <stdio.h>
int fun(int a[],int n,int delta)
{int i,sum=0;
 for(i=0;i<n;i+=delta) sum+=a[i];
 return(sum);
}
main()
{ int a[10]={1,2,3,4,5,6,7,8,9,10},total,i;
```

```
    for(i=1;i<4;i++)
      {total=fun(a,10,i); printf("%4d",total);}
    }
```

解：函数 fun 使用数组作为函数参数，可以在函数中通过形参数组间接引用实参数组的各个元素，如果修改形参数组元素的值，也就间接修改了实参数组。函数中另一个参数 delta，用于指出每次引用数组元素的步长。据此，可以得出正确结果为 55、25 和 22。

7.4　习　　题

7.4.1　单项选择题

1. 以下关于主函数的说明中，正确的是(　　)。

   A. 主函数必须在其他函数之前定义，且主函数内可以嵌套定义函数

   B. 主函数可以在其他函数之前或之后定义，且主函数内不可以嵌套定义函数

   C. 主函数可以在其他函数之前或之后定义，且主函数内可以嵌套定义函数

   D. 主函数必须在其他函数之前定义，且主函数内不可以嵌套定义函数

2. 下列说法正确的是(　　)。

   A. C 语言程序总是从第一个定义的函数开始执行

   B. 在 C 语言程序中，要调用的函数必须在 main()函数中进行定义

   C. C 语言程序总是从 main()函数开始执行

   D. C 语言程序中的 main()函数必须放在程序的开始部分

3. 以下关于函数调用的说法，错误的是(　　)。

   A. 函数调用可以单独构成语句　　　　B. 函数调用可以出现在表达式中

   C. 函数调用可以作为函数的实参　　　D. 函数调用可以作为函数的形参

4. 已知函数 fun1 的定义如下，则以下说明正确的是(　　)。

```
void fun1()
{    ……     }
```

   A. 函数 fun1 没有返回值　　　　B. 调用函数 fun1，将不再返回主调函数

   C. 函数 fun1 只能被主函数调用　　D. 函数 fun1 的返回值类型不确定

5. 以下说法错误的是(　　)。

   A. 函数的自动变量可以赋初值，但每调用一次则赋一次初值

   B. 函数调用时，实参和对应形参在类型上只需赋值兼容

   C. 外部变量的隐含类型是自动存储类别

   D. 函数形参的存储类型是自动(auto)类型的变量

6. C 语言中函数返回值的类型是由(　　)决定的。

   A. return 语句中的表达式类型　　B. 调用该函数的主调函数类型

C. 调用函数时临时　　D. 定义函数时所指定的函数类型

7. 以下说法不正确的是(　　)。

A. 不同函数中可以使用相同的变量名

B. 形式参数是局部变量

C. 一个函数内部定义的变量只能在本函数范围内有效

D. 在一个函数内部的复合语句中定义的变量在本函数范围内有效

8. 凡是在函数内部定义且未指定存储类别的变量，其存储类别是(　　)。

A. 自动(auto)　　B. 静态(static)　　C. 外部(extern)　　D. 寄存器(register)

9. C 语言程序中，若对函数类型未加显式说明，则函数的隐含类型为(　　)。

A. void　　B. double　　C. int　　D. char

10. 以下叙述错误的是(　　)。

A. 在所有函数之外定义的变量称为外部变量，外部变量是全局变量

B. 在一个函数中既可以使用本函数中的局部变量，也可以使用外部变量

C. 外部变量的定义和外部变量的声明含义不同

D. 若在同一个源文件中，外部变量与局部变量同名，则在该文件范围内，外部变量会屏蔽同名的局部变量

11. 以下叙述正确的是(　　)。

A. 所有递归程序均可以采用非递归算法实现

B. 只有部分递归程序可以采用非递归算法实现

C. 所有递归程序都不可以采用非递归算法实现

D. 以上三种说法都不对

12. 以下叙述正确的是(　　)。

A. 函数中的形式参数是自动变量

B. 函数中的形式参数是外部变量

C. 函数中的形式参数是静态变量

D. 函数中的形式参数可以根据需要自己定义其存储类别

13. 以下程序的输出结果是(　　)。

```
#include <stdio.h>
hanshu(int a,int b)
{ int k,s=0;
  for(k=a;k<a+b;k++) s=s+k;
  printf("%d,",s);    return(s);
}
main()
{int s=0; hanshu(2,3); printf("%d\n",s); }
```

A. 0，0　　B. 0，9　　C. 9，0　　D. 9，9

14. 在 C 语言中，函数的隐含存储类别是(　　)。

A. auto　　B. static　　C. extern　　D. 无存储类别

15. 以下程序的输出结果是(　　)。

```
#include <stdio.h>
fun(int a,int b,int c)
  { c=a+b; return(c); }
main()
{int c=1; c=fun(2,3,c); printf("%d\n",c); }
```

A. 1　　　　B. 2　　　　C. 3　　　　D. 5

16. 以下程序的运行结果是(　　)。

```
#include <stdio.h>
f(int a)
 {auto int b=0;   static int c=30;
 b=b+10; c=c+10;
 return (a+b+c);
 }
main()
{int a=20,k;
 for(k=0;k<3;k++)     printf("%4d",f(a));
}
```

A. 60　70　80　　B. 70　80　90　　C. 50　60　70　　D. 70　70　70

17. C 语言规定，调用一个函数时，实参和形参之间的数据传递是(　　)。

A. 地址传递　　　B. 由实参传给形参，并由形参返回给实参

C. 值传递　　　　D. 由用户指定传递方式

18. 以下函数值的类型是(　　)。

```
fun(float x)
{float y;   y=3*x-1;   return(y); }
```

A. int　　　　B. 不确定　　　　C. void　　　　D. float

7.4.2　填空题

1. C 语言中，函数的参数放在函数名称后面的________中，函数体是放在小括号后面的________中的 C 语句段。

2. 定义一个函数时，如果一个函数不需要返回任何值时，应该指定函数的返回值类型为________。

3. 当一个函数有多个参数时，各参数之间用________分隔。

4. 当在一个函数中需要调用标准函数 fabs()，则应该引入头文件________，需要调用标准函数 puts()时，则应该引入头文件________。

5. C 语言中，函数有________、________及________这 3 种调用方式。

6. 函数调用自身，称为________，因其调用方式不同可以分为________和________这两种。

7. 递归调用的两个要素是________和________。

8. 从作用域角度，变量可以分为________和________这两类，从变量存储属性角度可以分为________和________这两类。

9. C 语言中的函数体(函数首部下面的大括号内的内容)一般包含________和________这两个部分。

10. 只能供其所在的程序文件调用的函数称为________函数；既可以供其所在程序文件调用，也能供其他程序文件调用的函数称为________函数；前者在定义时以______修饰，后者在定义时以________修饰，不加以上两种修饰的为________函数。

11. 数组 s 中有 n 个数组元素。函数 fun 的作用是将数组 s 中凡是等于整数 x 的数组元素用整数 y 替换，然后输出被替换后的数组 s。若数组 s 中没有等于整数 x 的数组元素，则输出“没有发现！”。

```
void fun(int s[ ], int x，int y，int n)
  {   int k，flag=0;
      for(k=0;k<n;k++)
          if (s[k]==x) { flag=1； _________ ;}
      if (_________)
          for(k=0;k<n;k++)printf("%d",s[k]);
      else    _______________ ;
  }
```

12. 函数 strlen 用于确定一个给定字符串 str 的长度(不包括'\0')。

```
strlen(char str[])
  { int i=0,num=0;
    while(__________)   ++num;
    return(________);
   }
```

13. 以下是一个求字符串长度(不包括'\0')的程序，请补充完整。

```
int strlen(char str[])
       { int n=0;
         while(_____________ ) n++;
         return(n);
 }
main()
     { char str[80];    gets(str);
   printf("%d",_____________);
}
```

14. 有 n(<=20)个整数，使其前面 m 个数顺序向后移动。例如，n=6，m=2，对于下面 6 个数：1，2，3，4，5，6，顺序向后移动将变为：3，4，5，6，1，2。

```
main()
{int number[20],n,m,i;
 printf("共有几个数:\n");scanf("%d",&n);
 printf("向后移动几个数:\n");scanf("%d",&m);
 for(i=0;i<n;i++)      scanf("%d",&number[i]);
```

```
  for(i=1;i<=m;i++)      ______________;
  printf("移动后为\n");
  for(i=0;i<n;i++)    printf("%5d",number[i]);
  getch();
 }
move(int array[ ], int n)
{int i,j,k; k=array[0];
  for(i=1;i<n;i++)      ______________;
  array[n-1]=k;
 }
```

15. 如下函数用于实现由主函数接收的八进制数字所构成的字符串转换为十进制整数。请补充完整，使之能够完成该功能。

```
int convert(char  octal[])
   {int i , num=0,digit;
    for(i=0;octal[i]!=_______;i++)
      { digit=__________;   num=num*8+digit;   }
     return(num);
 }
```

16. 以下函数用于输出 100 以内，能被 3 整除且个位数为 5 的所有整数，请补充完整。

```
#include <stdio.h>
void pnt_num(void)
     { int i,j;
      for(i=0;i<10;i++)
            {j=__________;
             if(j%3!=0)    continue;
             printf("%5d",j);
            }
     }
```

17. 函数 revstr(char s[])用于把字符串 s 置逆，如传递给 s 的为字符串"abcde"，则执行本函数后，s 的值为"edcba"。

```
revstr(char s[])
{ int n,m; char c;
   gets(s);   n=strlen(s);
   for(m=0; _______ ;m++)
       {c=s[m];s[m]=s[n-1-m]; s[n-1-m]=c;}
   puts(s);
     }
```

18. 函数 fun 实现把数字字符从原字符串中删除。删除某个数字字符时，后面的所有字符依次向前移动 1 位。

```
#include <stdio.h>
void fun(char s[])
{ int i=0，j;
     while(___________)
```

```
if((s[i]>='0'&& s[i]<= '9'))
    for(j=i;s[j]!= '\0';j++)    ________________;
     else     i++;
  }
```

19. 以下程序通过调用函数 fun()，求 a 数组中的最大值与 b 数组中的最小值。

```
#include <stdio.h>
float fun(float x[],int n,int flag)
{ float   y ;   int i ;   y=____________;
   if(flag==1)
       for(i=1;i<n;i++) if(x[i]>y)    y=x[i];
   else
       for(i=1;i<n;i++) if(x[i]<y)    y=x[i];
   return(y);
}
main()
{ float a[6]={3,5,9,4,2.5,1},b[5]={3,-2,6,9,1};
   printf("%f\n",fun( ____________ ));
   printf("%f\n",fun( b,5,0 ));
}
```

20. 以下函数是用折半查找法在给定的有序数组 a(从小到大排序)中查找指定的数 m，如果找到则返回指定数在数组中出现的位置，否则返回 –1。a 数组有 n 个元素。

```
search(int a[],int n,int m)
{int low,high,mid;   low=0;      ______________;
 while(low<=high)
    { mid=(low+high)/2;
       if (m<a[mid])      ______________;
       else   if (m>a[mid])      ______________;
       else   return(mid);
    }
 return(–1);
}
```

21. 以下函数把 b 字符串连接到 a 字符串的后面，并返回 a 中新字符串的长度。

```
int strcen(char a[], char b[])
{ int n1=0,n2=0;
  while(a[n1]!= ________ )    n1++;
  for(n2=0; n2<strlen(b); n2++)
      { ________ ; n1++; }
  return(n1);
}
```

7.4.3　阅读程序写结果题

1. 以下程序中，swap 函数用于交换两个参数的值，两个参数的值通过参数传递从 main 函数传给 swap 函数。

```
void   swap(int x, int y)
   { int t  ;  t=x  ;    x=y  ;    y=t  ;    }
 main( )
   { int a[2];   scanf("%d,%d"&a[0],&[1]);
```

```
        swap(a[0],a[1]);
        printf("%d，%d\n",a[0],a[1]);
    }
```

输入 3 和 5，请问以上程序能够交换两个数组元素的值(输出 5 和 3)吗？如果不能请说明原因。

2. 写出如下程序的运行结果。

```
#include <stdio.h>
try(void)
  {static int x=3;   x++;   return(x);   }
main( )
{ int i,y;
  for(i=0;i<=2;i++)   y=try();
  printf("%d\n",y);
}
```

3. 写出如下程序的运行结果。

```
#include <stdio.h>
void inc1( )
  { int x=0;   x++;   printf("in inc1 x=%d\n",x);   }
void inc2( )
  { static int x=0;   x++;   printf("in inc2 x=%d\n",x); }
main()
  { void inc1( );   void inc2( );
    inc1( );   inc1( );     inc1( );
    inc2( );   inc2( );     inc2( );
  }
```

4. 写出如下程序的运行结果。

```
#include <stdio.h>
main()
  {int   k=4,m=1,p;
   p=fun(k,m); printf("%d\t",p);   p=fun(k,m);printf("%d\n",p);
  }
fun(int a, int b)
   { static int m=0, i=2 ;
     i+=m+1;   m=i+a+b;   return(m);
   }
```

5. 写出如下程序的运行结果。

```
#include "stdio.h"
main()
{ int x=10;
   { int x=20;   printf("%d,",x); }
   printf("%d\n",x);
   return 0;
}
```

6. 写出以下程序的运行结果。该程序由两个程序文件构成。

其中，文件 1 如下。

```
int x;
sub()
  {   x=4;   }
```

其中，文件 2 如下。

```
static int x=2;
main()
 { sub();    printf("x=%d\n",x);    }
```

7. 写出如下程序的运行结果。

```
main()
   { char line[]="How do you do!\t hello";/*两个单词间有一个空格*/
     int total;   total=tw(line);     printf("%d\n",total);
   }
   int tw(char line[])
   { int k=0,cnt=0;
     while(line[k++]!='\0')
          if (line[k]==32 || line[k]=='\t')    cnt++;
     return(cnt);                          /*空格的 ASCII 码是 32*/
    }
```

8. 写出如下程序的运行结果。

```
void fun(int n)
   { if(!n)   return;
     else   { printf("%c",n%10+'0');   fun(n/=10);   }
   }
main()
    { fun(483);   printf("\n");   }
```

7.4.4　编写程序题

1. 编写一个函数，用冒泡排序法将给定的无序数组进行从大到小排序，要求参与排序的元素的个数通过参数传递。

2. 编写一个函数，用选择排序法将给定的无序数组进行从小到大排序，要求参与排序的元素的个数通过参数传递。

3. 编写一个函数，判定给定的数是否是素数，如果是则返回 1，否则返回 0。

4. 编写一个函数，将一个 4 位数的各位数字分解出来，并在函数中按由低位到高位的顺序输出各位数字，输出时各数字之间空 2 个空格。如 1234，分解后输出 4　3　2　1。

5. 编写一个函数 delete_char(char str[ ],char ch)，其功能是从字符串 str 中删除所有由 ch 指定的字符。

6. 编写一个函数，求解如下问题：若一头小母牛，从出生起第四个年头开始每年生一头母牛，不考虑其他因素，按此规律，第n年时有多少头母牛？

7. 用梯形法计算一元多项式 $f(x)=1+x^2$ 在区间[1,2]上的定积分。

8. 输出一张摄氏—华氏温度转换表，摄氏温度的取值区间是[－100°C，150°C]，温度间隔5°C。要求定义和调用函数ctof(c)，将摄氏温度C转换成华氏温度F，计算公式如下。

$$F = 32 + C * 9/5。$$

9. 分别用递归和非递归的方法，编写计算阶乘的函数。

10. 某客户购房办理商业贷款，选择了按月等额本息还款法，在贷款本金loan和月利率rate一定的情况下，住房贷款的月还款额money取决于还款月数month，计算公式如下。

$$money = loan \times \frac{rate(1+rate)^{month}}{(1+rate)^{month}-1}$$

(1) 定义函数cal_power(x,n)，计算x的n次幂(x^n)，函数的返回值是double型。

(2) 定义函数cal_money(loan,rate,month)，计算月还款额，函数的返回值是double型，要求调用函数cal_power计算x的n次幂。

(3) 定义函数main()，输入贷款本金loan和月利率rate，输出还款年限——月还款额表，还款年限是5~30年，输出时分别精确到年和元，调用函数cal_money计算月还款额。

7.5　习题参考答案

7.5.1　单项选择题答案

1. B　2. C　3. D　4. A　5. C　6. D　7. D　8. A　9. C　10. D
11. A　12. A　13. C　14. C　15. D　16. B　17. C　18. A

7.5.2　填空题答案

1. 小括号　一对大括号
2. void
3. 逗号(,)
4. math.h　stdio.h
5. 作为单独语句调用　作为表达式的一部分调用　作为函数参数调用
6. 递归调用　直接递归调用　间接递归调用
7. 递归表达式　递归出口
8. 全局变量　局部变量　自动变量　静态变量
9. 声明部分　执行部分
10. 内部　外部　static　extern　外部
11. s[k]=y　flag==1　printf("没有发现！")

12. str[i++]!='\0'　　num
13. str[n]!='\0'　　strlen(str)
14. move(number,n)　　array[i-1]=array[i]
15. '\0',　　octal[i]-'0'
16. i*10+5
17. m<n/2
18. s[i]!='\0'　　s[j]=s[j+1]
19. x[0]　　a,6,1
20. high=n-1　　high=mid-1　　low=mid+1
21. '\0'　　a[n1]=b[n2]

7.5.3　阅读程序写结果题答案

1. 不能。原因是，在函数 swap()中，利用一般变量作为函数的形参，调用时把实参的值传递给形参，但因为形参和实参分别占用不同的存储空间，所以对形参的修改并不会影响实参的值，尽管 x 和 y 的值交换了，但 a[0]和 a[1]的值并没有交换。

2. 6

3.
```
in inc1 x=1
in inc1 x=1
in inc1 x=1
in inc2 x=1
in inc2 x=2
in inc2 x=3
```

4. 8　　17　　5. 20 ,10　　6. x=2

7. 5　　8. 384

7.5.4　编写程序题参考答案

1.
```
void sort1(int a[ ],int n)
  {int i,j,t;
   for(i=0; i<n-1; i++)
    for(j=0;j<n-i-1;j++)
      if(a[j]<a[j+1])   {t=a[j]; a[j]=a[j+1]; a[j+1]=t; }
  }
```

2.
```
void   sort2(int a[ ],int n)
 { int i,j,t,p;
  for(i=0; i<n-1; i++)
     { p=i;
      for(j=i+1;j<n;j++)
          if(a[j]<a[p])    p=j;
      if(p!=i)   { t=a[p];   a[p]=a[i];   a[i]=t; }
     }
 }
```

3.
```
int isprime(int n)
 { int i,k=1;
```

```
   for(i=2; i<=sqrt(n); i++)     if(n%i==0)    k=0;
   return(k);
 }
```

4.
```
void split(int num)
 {int p[4], i=0;
  do { p[i++]=num%10;
        num/=10;
      }while(num!=0);
  for(i=0; i<4; i++)    printf("%3d",p[i]);
 }
```

5.
```
void    delete_char(char str[ ],char ch)
  { int j,k;
    for(j=k=0;str[j]!='\0';j++)    if(str[j]!=ch)    str[k++]=str[j];
    str [k]='\0';
  }
```

6. 设总的母牛数为 sum，1 岁母牛数为 a[1]，2 岁母牛数为 a[2]，3 岁母牛数为 a[3]，4 岁和 4 岁以上母牛数为 a[4]。编写程序如下。

```
unsigned cow(unsigned n)
{ int    i, sum=0, a[5];
   for (i=1;i<=n;i++)
     {if (i==1)    {a[1]=1; a[2]=a[3]=a[4]=0; }
      else if (i==2)    {a[1]=0;a[2]=1;a[3]=a[4]=0;}
      else if (i==3)    {a[1]=a[2]=0;a[3]=1;a[4]=0;}
      else
        {a[4]=a[3]+a[4];    a[3]=a[2];    a[2]=a[1];    a[1]=a[4]; }
     }
   for (i=1;i<=4;i++)    sum=sum+a[i];
   printf("%u",sum);
 }
```

本题也可以使用递归函数编写如下程序。

```
unsigned cow(unsigned n)
{ if(n<=3)    return(1);
  else    return(cow(n-1)+cow(n-3));
}
```

7. 设 a=1，b=2。将(a,b)n 等分，每等分为(b–a)/n，积分值近似等于 n 个小梯形面积。

```
float f(float x)
    {float y;    y=1+x*x;    return(y); }
float jifen(float a, float b )
  { int k, n ; float f1,f2,s=0;
     scanf("%d", &n) ;    h=(b-a)/n ;
     for (k=1; k<=n ; k++)
        { f1=f(a+(k-1)*h);    f2=f(a+k*h);    s=s+(f1+f2)*h/2 ; }
     return(s);
  }
main()
```

```
{ float a=1, b=2 ,sum;   sum=jifen(a,b);
  printf("定积分为:%f\n",sum);
}
```

8.
```
float   ctof(int c)
  {float f;   f=32+c*9/5;   return f;   }
main(   )
 {float   ctof(int c);
  int j,
  for(j=-100;j<=150;j=j+5;) printf("c=%d->f=%f",j,ctof(j));
 }
```

9. 递归的计算阶乘的函数如下。

```
long fac(int n)
{if (n==1 || n==0) return(1);
 esle   return(n*fac(n-1));
}
```

非递归的计算阶乘的函数如下。

```
long fac(int n)
{int i;   long f;
 for (i=1; i<=n; i++)    f=f*i;
 return(f);
}
```

10.
```
#include <stdio.h>
double cal_power(float x,int n)
   { int i;
     float   power=1;
     for(i=1;i<=n;i++)    power*=x;
     return power;
   }
double cal_money (double loan,double rate,int month)
   {double money;
     money=loan*cal_power(1+rate,month)/(cal_power(1+rate,month)-1);
     return money;
   }
main()
 {float loan,rate,money;
  int month,i;
  printf("请输入贷款本金 loan 和月利率 rate：");
  scanf("%f,%f",&loan,&rate);
  printf("还款年限         月还款额\n");
  for(i=5;i<=30;i++)
     {money= cal_money(loan,rate,i*12);
       printf("%d                    %f\n",i,money/(i*12));
     }
 }
```

第8章　预处理命令

8.1　本 章 要 点

8.1.1　不带参数的宏

不带参数的宏定义的一般格式如下。

```
# define  宏名   字符串
```

宏名与字符串之间至少有一个空格，字符串可以为空。

需要注意的是：

(1) 宏名一般习惯上用大写字母标识，但并非必须如此。

(2) 经过宏定义以后，在编译预处理时，程序中出现的宏名都用“字符串”替换，此过程称为宏展开。但出现在字符串常量中的字符子串即使与宏名相同，也不进行替换。

(3) 可以用#undef 宏命令终止已定义的宏名的作用域。

(4) 宏展开过程中只作简单的字符替换，不进行任何计算。这一点对于带参数的宏定义也适用。

8.1.2　带参数的宏

带参数的宏定义的一般格式如下。

```
# define  宏名(形参表)  字符串
```

需要注意的是：

宏名与紧跟其后的小括号之间一定不能有任何空格。带参数的宏定义在进行宏展开时，对于“字符串”中出现的形参，用相应的实参进行替换，而对于其他字符则保持不变。

带参数的宏和函数有类似之处，有些问题既可以用宏实现，也可以用函数实现，但两者是有本质区别的，区别主要表现在如下方面。

(1) 函数调用时，要求实参和形参类型匹配；但在宏替换中，对参数类型没有要求，宏定义中的形参没有类型，只是一个符号而已。

(2) 函数调用时，先求出实参表达式的值，然后赋值给形参；而使用带参数的宏，只是进行简单的字符串替换。

(3) 函数调用在程序运行时进行；宏替换在编译时完成，并不占用运行时间。

(4) 宏适合解决规模较小的问题；函数解决的问题范围较广。但同一问题用宏解决比用函数解决的效率更高。

8.1.3　文件包含

所谓文件包含，是把另一个文件的内容包含进某个程序文件中。用#include 命令来实现，其一般格式如下。

```
#include  <文件名>  (或  #include  "文件名")
```

如果文件名用双引号引起来，则系统先在当前源程序所在的目录中查找指定的被包含文件，如果找不到，再按照系统指定的标准方式到有关目录中去寻找；如果文件名用尖括号括起来，系统将直接按照指定的标准方式到有关目录中寻找被包含的文件。

8.1.4　条件编译

在源程序中，如果某部分代码只在某个条件满足(或不满足)时才参与编译，则可以用条件编译预处理命令实现。条件编译有以下 3 种格式。

(1) 格式 1

```
#if 表达式
    程序段 1
#else
    程序段 2
#endif
```

格式 1 的作用是，当指定的表达式值为真(非零)时就编译程序段 1，否则编译程序段 2。

(2) 格式 2

```
#ifdef 标识符
    程序段 1
#else
    程序段 2
#endif
```

格式 2 的作用是，当标识符已经用#define 命令定义过就编译程序段 1，否则编译程序段 2。

(3) 格式 3

```
#ifndef 标识符
    程序段 1
#else
    程序段 2
#endif
```

格式 3 与格式 2 的作用相对应，若标识符未定义，则编译程序段 1，否则编译程序段 2。

8.2　本章难点

8.2.1　宏展开

当编译系统在源程序中遇到定义过的宏名时，对宏名进行替换的过程称为宏展开，也称为宏替换。根据定义宏名时是否带参数，可以有两种形式的宏展开，即不带参数的宏展开和带参数的宏展开。

在进行宏定义和宏展开时应注意以下几点。

(1) 宏体只是被当作一个字符串而不是表达式，而宏展开也仅仅是一种字符串的替换，期间不进行任何形式的计算。

(2) 对于带参数的宏定义，其参数只是一个标识而不是变量，没有类型区分。也就是说，宏的实参可以是任何类型，是否符合语法规定，在展开后由编译程序检查。

(3) 在字符串常量中，即使出现与宏名相同的子串，也不进行替换。

8.2.2　条件编译

条件编译是一种程序设计语言的高级特性，当在不同的状态下需要使用不同源代码段参与编译时，可以使用条件编译，对于提高程序的可移植性有较强的参考价值。

例如，经常在程序中看到如下所示的代码。

```
#define DEBUG
……
#ifdef DEBUG
    代码段 1
#else
    代码段 2
#endif
```

在“代码段 1”中往往含有在程序调试时用到的一些代码，如输出程序运行的中间结果，以方便程序人员观察程序的执行情况，而当程序调试结束时，这些用于观察程序执行情况的代码往往变得多余。此时，只需把#define DEBUG 从程序中删除即可。

8.3　例题分析

例 8.1　下面程序的运行结果是(　　)。

```
#include <stdio.h>
#define  N  2
#define  M  N+1
#define  NUM  (M+1)*M/2
main()
```

```
{int i;   i=NUM;   printf("%d\n",i);   }
```

A. 5　　B. 6　　C. 7　　D. 8

解：此题考查的是不带参数的宏替换应注意的问题。系统处理不带参数的宏时，按程序行中指定的字符串从左至右进行处理，当遇到与宏名相同的标识符时，即使用宏体进行替换，期间不进行任何形式的计算。此题中，系统处理到宏名 NUM 时，用宏体进行替换，第一次替换后为(M+1)*M/2，由于 M 依然是宏定义过的符号，继续替换为(N+1+1)*N+1/2，最后替换为(2+1+1)*2+1/2，计算结果为 8。

注意：

千万不可直接把值代入。如认为 M 的值为 3，于是认为(3＋1)*3/2，而得出错误结果 6。

例 8.2　以下程序的运行结果是(　　)。

```
#include <stdio.h>
#define SQR(x) x*x
main()
{ int a=10,k=2,m=1;
   a/=SQR(k+m)/SQR(k+m);
   printf("%d\n",a);
}
```

A. 10　　B. 1　　C. 9　　D. 0

解：此题考查的是带参数形式的宏替换应该注意的问题。系统处理带参数的宏时，按程序行中指定的字符串从左至右进行处理，若遇到形参则以实参代替，非形参字符原样保留，这期间没有任何计算。此题中，参数和宏体都没有括号。因此，中间的赋值语句首先替换成 a/= x*x/x*x；再替换成 a/=k+m*k+m/k+m*k+m；将各变量的值分别代入该式，求得 a 的最终结果为 1，故答案为 B。

8.4　习　　题

8.4.1　单项选择题

1. 用宏名定义了一个字符串，下列表述中正确的是(　　)。

   A. #define　pi=3.141592;　　B. define　pi=3.14159;

   C. #define　pi　3.14159;　　D. #define　pi(3.14159);

2. 定义带参数的宏计算两式乘积(如 x^2+3x–5 与 x–6)，下列定义中正确的是(　　)。

   A. #define　muit(u,v)　u*v　　B. #define　muit(u,v)　u*v;

   C. #define　muit(u,v)　(u)*(v)　　D. #define　muit(u,v)=(u)*(v)

3. 对宏定义语句"#define　div(a,b)　a/b"的引用"div(x+5,y–5)"置换展开后为(　　)。

   A. x+5/y–5　　B. x+5/(y–5);　　C. (x+5)/(y–5)　　D. (x+5)/y–5;

4. 定义带参数的宏"#define　jh(a,b,t)　t=a;a=b;b=t"，使两个参数 a、b 的值交换，下列表述中正确的是(　　)。

A. 不定义参数 a 和 b 将导致编译错误

B. 不定义参数 a、b、t 将导致编译错误

C. 不定义参数 t 将导致运行错误

D. 不必定义参数 a、b、t 的类型

5. C 语言中，宏定义有效范围从定义处开始，到源文件结束处结束，但可以用(　　)来提前结束宏定义的作用。

A. #ifndef　　B. #endif　　C. #undefined　　D. #undef

6. 以下叙述中正确的是(　　)。

A. 在程序的一行中可以出现多个有效的预处理命令行

B. 使用带参宏时，参数的类型应与宏定义时的一致

C. 宏替换不占用运行时间，只占用编译时间

D. 宏定义不可以出现在函数内部

7. 以下叙述中正确的是(　　)。

A. C 语言的预处理功能是指完成包含文件的调用

B. 预处理命令只能位于 C 源程序文件的首部

C. 凡是 C 源程序中，行首以#标识开头的控制行都是预处理命令

D. C 语言的编译预处理就是对源程序进行初步的语法检查

8. 以下程序的输出结果是(　　)。

```
#define   MIN(x,y)   (x)<(y)?(x):(y)
main( )
{int i, j, k;   i=10;   j=15;   k=10*MIN(i,j);   printf("%d", k); }
```

A. 15　　B. 100　　C. 10　　D. 150

9. 以下程序的输出结果是(　　)。

```
#include   <stdio.h>
#define   ADD(y)   3.54+y
#define   PR(a)    printf("%d",(int)(a))
#define   PR1(a)    PR(a);putchar('\n')
main( )
{ int i=4;    PR1(ADD(5)*i); }
```

A. 20　　B. 23　　C. 10　　D. 0

10. 有宏定义“#define　E　2.718”，则编译预处理时将 E 替换成一个(　　)。

A. 单精度常量　　B. 单精度变量　　C. 双精度变量　　D. 字符串

11. 系统处理宏命令和包含命令是在(　　)。

A. 编译源程序时　　B. 编译源程序以前

C. 链接目标文件时　　D. 运行程序时

12. 下面有关宏定义的描述，不正确的是(　　)。

A. 宏不存在类型问题，宏名无类型，它的参数也无类型

B. 宏替换不占用运行时间

C. 宏替换时先求出实参表达式的值，然后代入形参运算求值

D. 宏替换只不过是字符替换而已

13. 文件包含命令有两种形式：#include <file>和#include "file"，关于这两种形式的区别，下列描述中正确的是(　　)。

A. 两种形式没有区别

B. 两者检索文件 file 的方式不同，前者只在源文件所在的目录下检索，后者在整个文件系统中检索

C. 两者检索文件 file 的方式不同，前者先在源文件所在的目录下检索，检索不到时再按标准方式在指定文件目录中检索；后者直接按标准方式在指定文件目录中检索

D. 两者检索文件 file 的方式不同，后者先在源文件所在的目录下检索，检索不到时再按标准方式在指定文件目录中检索；前者直接按标准方式在指定文件目录中检索

14. 执行如下程序后，输出结果为(　　)。

```
#include <stdio.h>
#define   N   4+1
#define   M   N*2+N
#define   RE   5*M+M*N
      main()
      { printf("%d\n",RE); }
```

A. 150　　　　B. 100　　　　C. 42　　　　D. 以上结果均不正确

15. 如下程序中的 for 循环执行的次数是(　　)。

```
#define   N   2
#define   M   N+1
#define   NUM   2*M+1
main()
{ int i;
  for(i=1;i<=NUM;i++) printf("%d\n",i);
}
```

A. 5　　　　B. 6　　　　C. 7　　　　D. 8

16. 以下叙述中正确的是(　　)。

A. 用#include 包含的头文件的扩展名只能是“.h”

B. 若一些源程序中包含某头文件，当该头文件有错时，只需对该头文件进行修改，包含此头文件的所有源程序不必重新进行编译

C. 宏命令行可以看作是一行语句

D. C 语言编译程序中的预处理是在编译之前进行的

17. 以下程序的运行结果是(　　)。

```
#define   ADD(x)   x+x
main()
{ int m=1,n=2,k=3;   int sum=ADD(m+n)*k;
  printf("%d\n",sum);
 }
```

A. 9　　B. 10　　C. 12　　D. 18

18. 设有如下宏定义，则表达式 z=2*(N+Y(5))的值是(　　)。

```
#define   N   2
#define Y(n)   ((N+1)*n)
```

A. 语句有错　　B. 34　　C. 70　　D. 无定值

8.4.2　填空题

1. 对宏定义语句“#define　f(x,y)　printf(x,y)”的引用“f("%d\n",m);”置换展开后为__________。

2. 对宏定义语句“#define　f(x,y)　fopen(x,y)”的引用“f("a.txt", "rw");”置换展开后为__________。

3. 对宏定义语句“#define　f(c)　c>='A'&& c<='Z'”的引用“f(x[i])”置换展开后为__________。

4. 以下程序的输出结果是__________；去掉程序中的第一行，结果是__________。

```
#define   DEBUG
main()
{ int a=14, b=15, c=a/b;
   #ifdef   DEBUG
      printf("a=%d, b=%d", a, b);
   #else
      printf("c=%d\n", c);
   #endif
}
```

5. C 语言中提供的编译预处理功能有__________、__________和__________。

6. 编译时将替换宏名的过程称为__________。

7. 宏定义命令#define 出现在所有函数之外，则定义的宏名的有效范围是__________。

8. 执行下列程序后，输出结果为__________。

```
#include <stdio.h>
#define   P(a,b)   a*b+1
main()
{ int x=1,y=2,z;   z=P(x+y,4+3);
  printf("%d",z);
}
```

9. 执行下列程序后，输出结果为__________。

```
#include <stdio.h>
#define  S  x*y+1
main()
{int x=1,y=2;   printf("S=%d",S); return 0; }
```

8.4.3　阅读程序写结果题

1.
```
# define  PI  3.141596
main()
{float r,l,s,v;
 printf("input radius:"); scanf("%f",&r);
 l=2.0*PI*r;   s=PI*r*r;   v=4.0/3*PI*r*r*r;
 printf("l=%10.4f\ns=%10.4f\nv=%10.4f\n",l,s,v);
}
```

运行程序时输入的 radius 是 2.5。

2.
```
#define  PI  3.14159265
#define  RADIUS  2.0
#define  CIRCUM  2.0*PI*RADIUS
#define  AREA  printf("area=%10.4f\n",PI*RADIUS*RADIUS);
main()
{printf("CIRCUM=%10.4f\n",CIRCUM);
 AREA
}
```

3.
```
#define  PI  3.1415926
#define  CIRCUM(r)  (2.0*PI*(r))
#define  AREA(r)  (PI*(r)*(r))
main()
{float a,area;  a=3.6;  area=AREA(a);
 printf("r=%f\narea=%f\ncircum=%f\n",a,area,CIRCUM(a));
}
```

4.
```
#define  SQUARE(n)  ((n)*(n))
main()
{int i=1;
 while(i<=10)  printf("%5d ",SQUARE(i++));
}
```

5.
```
#define  LETTER  1
main()
{char str[20]="C Language",c;  int i=0;
 while((c=str[i])!='\0')
   {i++;
    #if LETTER
       if(c>='a'&&c<='z')  c=c-32;
    #else
```

```
        if(c>='A'&&c<='Z')   c=c+32;
      #endif
      printf("%c",c);
    }
  }
```

6.
```
#define SQR(n)      n*n
main()
{int i=1;
 while(i<=10)
   {printf("%5d",SQR(i));   i++; }
}
```

8.4.4　编写程序题

1. 分别用函数和带参数的宏编写：已知圆柱的底面半径和高，计算圆柱体积。

2. 分别用函数和带参数的宏编写：交换两个变量的值。

3. 分别用函数和带参数的宏编写：找出 4 个数中的最大数。

4. 分别用函数和带参数的宏编写：已知三角形的边长 a、b、c，利用下面的公式计算三角形的面积 s。

$$p=\frac{1}{2}(a+b+c)$$

$$s=\sqrt{p(p-a)(p-b)(p-c)}$$

8.5　习题参考答案

8.5.1　单项选择题答案

1. C　2. C　3. A　4. D　5. D　6. C　7. C　8. A　9. B　10. D
11. B　12. C　13. D　14. C　15. B　16. D　17. B　18. B

8.5.2　填空题答案

1. printf("%d\n",m);
2. fopen("a.txt","rw");
3. x[i]>='A'&& x[i]<='Z'
4. a=14，b=15，c=0
5. 宏定义　　文件包含　　条件编译
6. 宏展开
7. 从定义处到本源文件结束
8. 13
9. S=3

8.5.3　阅读程序写结果题答案

1. input　radius: 2.5

   l=　15.7080

   s=　19.6350

   v=　65.4499

2. CIRCUM=12.5664

   area=　12.5664

3. r=3.600000

   area=40.715038

   circum=22.619466

4. 2　12　30　56　90

5. C LANGUAGE

6. 　1　4　9　16　25　36　49　64　81　100

8.5.4　编写程序题参考答案

1. 用函数编写的程序代码如下。

```
main()
  {float   h, r, v, pi=3.14;     scanf("%f,%f", &h, &r);
   v=pi*r*r*h;   printf("V=%f\n", v);
  }
```

用带参数的宏编写的程序代码如下。

```
#define   PI   3.14
#define V(r,h)   PI*r*r*h
main()
  {float   h1, r1, v;   scanf("%f,%f", &h1, &r1);
   printf("V=%f\n", V(r1,h1));
  }
```

2. 用函数编写的程序代码如下。

```
main()
  {int a,b,t;   scanf("%d,%d", &a, &b);
   t=a;   a=b;   b=t;     printf("%d,%d\n", a,b);
  }
```

用带参数的宏编写的程序代码如下。

```
#define   JH(x,y,z)     z=x; x=y; y=z
main()
{int a,b,t;   scanf("%d,%d", &a, &b);
 JH(a,b,t);     printf("%d,%d\n", a,b);
}
```

3. 用函数编写的程序代码如下。

```
fun(int x, int y)
  {int z;   z=(x>y)?x:y;   return(z);   }
main()
{ int a,b,c,d,max;   scanf("%d,%d,%d,%d", &a, &b,&c,%d);
  max=fun(fun(a,b), fun(c,d));
  printf("%d \n", max);
}
```

用带参数的宏编写的程序代码如下。

```
#define   F(x,y)     (x>y)?(x):(y)
main()
  {int a,b,c,d,e,f,max;    scanf("%d,%d,%d,%d",&a,&b,&c,&d);
   e=F(a,b);    f=F(c,d);    max=F(e,f);
   printf("%d \n", max);
  }
```

4. 用函数编写的程序代码如下。

```
#include   "math.h"
main()
  { int a,b,c;   float p,s;    scanf("%d,%d,%d ",&a,&b,&c);
   p=(a+b+c)/2.0;   s=sqrt(p*(p–a)*(p–b)*(p–c));
   printf("%f \n", s);
  }
```

用带参数的宏编写的程序代码如下。

```
#include   "math.h"
#define   T(a1,a2,a3)    (a1+a2+a3)/2.0
#define   S(p,x,y,z)   sqrt(p*(p–x)*(p–y)*(p–z))
main()
  {int a,b,c; float q,area;    scanf("%d,%d,%d",&a,&b,&c);
   q=T(a,b,c);   area=S(q,a,b,c);      printf("%f \n", area);   }
}
```

第9章 指 针

9.1 本章要点

9.1.1 指针变量的定义

定义指针变量的一般格式如下。

基类型 *指针变量名;

例如，“int *p1,*p2;”定义指针变量 p1、p2，基类型为整型，也就是 p1、p2 只能用于存放整型变量的地址(指针)。

需要注意的是：

(1) 上面定义的指针变量为 p1、p2，而不是*p1、*p2，*只是一个说明符，表示定义的是一个指针变量。另外，一个*只影响其后紧跟的一个变量，所以上面指针变量 p1、p2 的前面都有*，即如果形式为“int *p1,p2;”的变量定义，则 p1 是指针变量，p2 是整型变量。

(2) 类型标识符 int 用于声明指针变量 p1 和 p2 的“基类型”，并规定所定义的指针变量可以指向的变量的类型。

9.1.2 指针变量的赋值

设有定义“int *p1,*p2;”，则可通过以下 3 种方式为指针变量 p1 或 p2 赋值。

(1) 使用取地址运算符(&)，把地址值赋给指针变量。

例如，“p1=&i；”，表示将变量 i 的内存地址赋给 p1。

需要注意的是：

① 取地址运算符&是一个单目运算符，其运算对象必须是一个变量。

② 运算对象的类型必须与指针变量的基类型相同。

(2) 同类型指针变量间相互赋值。

例如，“p1=&i；p2=p1；”表示将使 p1 和 p2 均指向变量 i。

需要注意的是：

赋值运算符两边指针变量的类型必须相同。

(3) 给指针变量赋空指针(NULL)，常用于对指针变量的初始化，如“p1=NULL;”。NULL 是在 stdio.h 头文件中定义的一个符号常量，其真实值一般都为 0，故在使用 NULL 之前，必须使用#include 命令引入该头文件。当一个指针被赋予空指针时，不可以引用其所指向的单元。

9.1.3 对指针变量的操作

1. 通过间址运算符(*)引用指针变量所指向的存储单元内容

例如，有如下语句。

```
int i=123,*p,k;     p=&i;
```

(1)“k=*p;”，表示将变量 i 的值赋给了 k，即 k 的值为 123。

(2)“*p=10;”，表示将整数 10 赋给变量 p 指向的单元，即赋给了 i，使 i 的值为 10。

需要注意的是：

(1) 间址运算符*的运算对象必须出现在其右侧，且运算对象只能是指针变量或地址。

(2) 间址运算符*在形式上同乘法运算符。后者是双目运算符，而前者是单目运算符。当在同一个表达式中使用两类运算符时，要特别留心，尤其对于初学者，可通过添加额外括号的方式使表达式的含义更加清晰。

(3) 间址运算符*与为定义指针变量所使用的符号相同，但定义指针变量是在函数的说明部分，而间址运算符*在函数的执行体部分使用。

2. 指针变量加(减)一个整型值

指针变量加(减)一个整型值用于实现指针的移动，一般用在对数组的操作中。

设有如下定义。

```
(1) float *p,*q,f[5];
(2) p=f;        /* (p=&f[0];) */
(3) q=&f[4];
(4) p=p+1;      /* (p++;) */
(5) q=q–1;      /* (q--;) */
(6) printf("%d\n",q–p);
```

第(2)行让指针变量 p 指向数组的首地址(C 语言中规定，用数组名表示数组的首地址)，即数组第一个元素 f[0]的地址，第(3)行让指针变量 q 指向数组的最后一个元素 f[4]，第(4)行执行 p=p+1，即执行 p 向数组尾方向移动一个元素，即 p 指向数组的第二个元素 f[1]；第(5)行执行 q=q–1，即指针变量向数组头方向移动一个元素，即指向数组元素 f[3]。

需要注意的是：

(1) 指针变量每移动一个单位实际移动的存储字节数取决于指针的基类型，在上面的例子中，每移动一个单位实际移动 4 字节，即单精度浮点数的长度。

(2) 执行指针变量移动操作时，一定要注意指针的当前位置，正常情况下不可移出数组范围内。

3. 指针的相减

两个同类型且指向同一数组的指针可以进行减操作，表示两个指针之间相差的数组元素个数，如上一小节中第(6)行，输出 2，也就是说，当前 q 指向的位置(f[3])和 p 指向的位置(f[1])，它们之间相距两个数组元素。

既然可以进行两个指针的相减运算，那么也可以对两个同类型且指向同一数组的指针变量进行如>、<、==等关系运算。

9.1.4　指向指针变量的指针变量

```
int *p,**ptr,i;
```

以上定义 ptr 为一个指向指针变量的指针变量。在 ptr 中只能存放指针变量的地址，且基类型必须相同。例如，“p=&i；ptr=&p；”，可用*p 或**ptr 来引用变量 i。

9.1.5　数组与指针

1. 通过指针变量引用数组元素

(1) 一维数组元素的引用。

假设有语句“int　a[10],*p,i; p=a;”，则指针变量 p 指向数组的第一个元素，即 a[0]，p+i 指向 a[i]，即 p+i 的值表示的是 a[i]的地址，而*(p+i)则是引用数组元素 a[i]，这也是对数组元素进行访问的一种常用手段。

(2) 通过指针数组引用二维数组元素。

假设有语句“int　a[2][3],*p[2];”，则 p 是一个指针数组，即数组的每个元素都是一个指针变量。执行下面的 for 循环。

```
for (i=0;i<2;i++)   p[i]=&a[i][0];
```

p[i]指向二维数组的第 i 行的第一个元素。

可通过如下形式之一引用二维数组元素 a[i][j]。

```
*(p[i]+j)          *(*(p+i)+j)          (*(p+i))[j]
```

(3) 使用行指针变量引用二维数组。

假设有语句“int　a[2][3],(*ptr)[3];”，其中 ptr 是一个行指针变量，它指向包含 3 个整型元素的一维数组(注意：*ptr 两侧的圆括号不可少。如果写成*ptr[3]，则 ptr 将成为一个指针数组名)。执行“ptr=a;”后，数组 a 中元素 a[i][j]的引用形式可写成如下形式之一。

```
*(ptr[i]+j)          *(*(ptr+i)+j)          ptr[i][j]
```

这里需要注意的是二维数组行指针与列指针的联系与区别。

2. 通过字符型指针变量来引用字符串

例如，“char *str="china";”，此处定义了一个字符型指针变量str，指针变量str中存放的是字符串“china”的第一个字符的地址。

需要注意的是：

指针变量可以存放某一个数组的首地址，可以通过指针变量来引用数组元素。数组名是一个数组的首地址，也可以通过数组名来引用数组元素，但指针变量和数组名是不同的。数组名是一个常量，其值不能改变，也不能做自增、自减运算，而指针变量的值可以改变，可以做自增、自减运算。如有语句“int　a[10],*p; p=a;”，引用数组元素a[1]可以表示为*(p+1)，如果想引用数组元素a[2]，可执行语句“p++；”，则当前指针变量p中存放的就是a[2]的地址；而a++操作是非法的。

9.1.6　指针数组

指针数组的每个元素都是一个指针变量。示例如下。

```
char   *p[4];
```

此语句表示p是含有4个元素的数组，每个元素都是基类型为字符型的指针变量。指针数组常用于处理多个字符串。

9.1.7　指向函数的指针变量

指向函数的指针变量定义格式如下。

```
类型说明符 (*指针变量名)();
```

类型说明符是指函数返回值的类型，如“int　(*fp)();”说明fp是一个指向函数的指针变量，该函数的返回值是整型数据。

注意：

在定义指向函数的指针变量时，千万不可忽视括号，其中两对括号都是必需的。

通过指向函数的指针变量可以实现对函数的间接调用，常作为函数的参数，以提高所定义函数的通用性，如求函数的定积分。

用指向函数的指针变量调用函数，具体分为如下两个步骤。

(1) 将函数的入口地址(函数名)赋给指向函数的指针变量。

(2) 使用指向函数的指针变量调用所指向的函数。

9.1.8　带参数的main()函数

main函数常见的函数原型如下。

```
int main(int argc,char *argv[])
```

执行程序时，编译系统根据命令行的情况，自动给 main 函数的两个形参赋值。形参 argc 中得到的是命令行中参数的个数(各参数之间以空格相隔)，argv 是一个字符指针数组，数组各元素依次存放命令行中各字符串的首地址。

特别注意的是：

main 函数的参数名称并非必须是 argc 或 argv，也可以取其他名称，但参数的类型是固定的，即第一个参数是整型，第二个参数是字符型指针数组。

9.1.9　void 类型的指针

可以定义 void 类型的指针变量，通常被当作“通用型”指针变量，即可以用该类型的指针变量指向任何其他类型的变量，其他类型的变量地址可以直接赋值给 void 类型的指针，但将 void 类型的指针变量赋给其他类型的指针变量时，必须进行强制类型的转换。

所示定义如下。

```
float a,*pa=&a;
void *p;
```

则“p=&a;”或“p=pa;”都是可以的，但“pa=p;”却不可以。

正确的做法是：“pa=(float *)p;”。

此外，需特别注意的是，不可以定义 void 类型的一般变量，即“void p;”是非法的。

9.2　本 章 难 点

9.2.1　指针变量的概念

1. 变量的地址(指针)和变量的值

程序中定义变量后，系统在编译时，根据变量的数据类型为其分配相应的内存单元。在内存中每一字节都有一个编号，即“地址”(相当于房间号)；变量的值即内存单元中存放的数据(相当于房间里“住的人”)。

内存空间是连续的，且是一维编址，即每一字节对应一个内存地址，如果一个变量需占用多字节，系统将为其分配一个连续的内存区域，且以该区域首字节的地址作为该变量的地址。

多数情况下，程序人员直接使用变量名引用相应的内存单元，无须知道该变量在内存中的具体存放地址，由编译程序将其映射为相应的内存地址，然后访问其中的内容，这种访问方式称为变量的直接访问。通过访问指针变量取得某个变量的地址，然后通过该地址值访问相应内存单元的内容，即变量的间接访问。

由于通过地址能够找到所需的变量单元，故常称存放“地址”的变量“指向”了某变量，而这种“指向”事实上是通过地址来实现的。换句话说，指针的本质就是地址，只不过是地址的另一个更为形象的名称而已。

2. 指针变量及其类型

指针变量和其他变量一样代表内存中的一个存储单元，只是指针变量所分配到的内存单元中只能存放变量的地址(指针)值。与一般变量有类型区分相同，指针变量也只能存放某一个特定类型数据变量的地址，故在定义指针变量时，需要用基类型指定其可以存放的地址类型。

所示定义如下。

```
char *c;    int *p;    double *f;    char **cc;
```

这里定义 c 是指向字符型的指针变量，也就是说，c 中只能存放字符型变量的地址；p 中只能存放整型变量的地址；f 中只能存放实型变量的地址；cc 中只能存放指针类型变量的地址。如果要把 c 的值赋给 p，可以通过强制类型转换来完成，如下所示。

```
p=(*int)c;
```

从技术上讲，虽然可以做到任何类型的指针均可指向内存中的任何位置，但是所有指针运算都与它的基类型密切相关，因此，正确定义指针类型及给指针赋正确的值至关重要。

3. 指针与指针变量

对于初学者，由于对指针本质的不理解，往往容易将指针与指针变量混为一谈，其实两者区别很大。所谓指针就是地址。而指针变量是一种变量，系统要为其分配内存区域。指针变量与其他变量不同的地方只是它的内存区域存放的是另一个对象(变量)的地址值。用一个形象的比喻，指针相当于房间号，而指针变量是一个特殊的房间。

9.2.2 对指针变量的操作

(1) 默认情况下，指针变量的初值不确定，因此程序中如果未给指针变量赋值，则该指针变量的值是不确定的，称该指针变量为“无向指针”。正常情况下，在使用前，指针变量都应该有非常明确的指向，如确实没有特殊要求，也应该赋予空指针(NULL)。

(2) 指针变量可以通过地址运算符(&)获取变量的地址值。

(3) 不仅可以通过变量名来引用一个存储单元，也可以利用间址运算符(*)通过指针变量中的地址值来引用一个内存单元。假定有如下定义语句。

```
int   i=0,*p,k;     p=&i;
```

则在程序中，*p、*&i 和 i 等价，都可用来引用变量 i。与引用普通变量 i 一样，这种引用也可分为左值和右值，当出现在赋值号的左边时，如“*p=10；*&i=10；”，前者的含义是把 10 赋给 p 所指的存储单元(i)，后者的含义是把 10 赋给地址&i 所代表的存储单元(i)，它们等价于“i=10;”；当*p 和*&i 出现在赋值号的右边时，相当于将变量 i 的值赋给左边的变量。

9.2.3　字符指针变量与字符数组的区别

虽然字符数组与字符指针变量都可用于实现字符的操作，但两者之间的区别甚大，主要体现在以下几个方面。

(1) 字符数组由若干个数组元素组成，每个数组元素中存放一个字符，而字符指针变量中存放的是地址(字符串的首地址)，绝不是将字符串的内容存放到字符指针变量中(这种情况也不可能出现。因为数组中的多个元素是不能存放在一个存储单元中的)。

(2) 赋值方式不同。基于(1)所述的区别，字符数组与字符指针变量的赋值方式不同，两者不可混用。对于字符数组，以下赋值方式是行不通的。

```
char str[30];
str="I love china";
```

但对于字符指针变量，却可以使用这种方式进行赋值，示例代码如下。

```
char *s;
s="I love studying";
```

以上代码可以进行的原因是，“s="I love studying";”这种方式将字符串"I love studying"在内存中的首地址赋值于 s。那么，字符数组该如何“赋值”呢？需要借助于 strcpy 函数，针对上面的例子，只需改为“strcpy(str, "I love china");”即可。

9.3　例 题 分 析

例 9.1　若有以下定义和语句，且 0≤i<10，则对数组元素的引用错误的是(　　)。

```
int a[]={1,2,3,4,5,6,7,8,9,0},*p,i;    p=a;
```

A. *(a+i)　　　　B. a[p–a]　　　　C. p+i　　　　D. a[i]

解：对于答案 A，由于 C 语言规定数组名代表数组中第一个元素的地址，a+i 表示数组元素 a[i]的地址，*(a+i)即代表该单元的内容，因此*(a+i)与 a[i]等价，故 A 是正确引用，由此可知，D 也是正确的引用。

对于答案 B，由于指针变量 p 的初始值为数组 a 的首地址，即 p 指向 a，因此 p–a 的结果为 0，a[p–a]相当于 a[0]。

再看答案 C，指针变量 p 指向数组 a 的首地址，与整数值 i 相加后，结果仍是地址值，它表示数组 a 中下标为 i 的元素的地址，显然，这不是对数组元素的正确引用。

因此本例 C 是错误引用，应选 C。

例 9.2　对于基类型相同的两个指针变量不适合进行(　　)运算。

A +　　　　B –　　　　C =　　　　D ==

解：在C语言中，是否能进行运算关键看运算结果是否有其物理含义。两个指针变量所存放的是指针(地址)值，相加的结果没有任何物理含义，也无法解释，故不能进行加运算，答案为A。

例9.3　以下程序用于查找数组元素的最大值及其在数组中的位置，数组元素由键盘输入，请从下列各组中分别选出正确的选项。

```
#include <stdio.h>
main()
 {int a[10],*p,*s,i;
  for (i=0;i<10;i++)   scanf("%d",_____(1)_____);
  for (p=a,s=a;_____(2)_____<10;p++)
     if (*p>*s)   s=_____(3)_____;
  printf("max=%d,index=%d\n",_____(4)_____,_____(5)_____);
 }
```

(1) A. *(a+i)	B. p+i	C. a+i	D. a[i]
(2) A. p–a	B. s–a	C. a–p	D. a–s
(3) A. p	B. a[p]	C. a[s]	D. a–p
(4) A. a[p–a]	B. a[p]	C. *s	D. a[s]
(5) A. p–a	B. p	C. s–a	D. a–s

解：对于第(1)组选项，由于scanf语句要求填入的是一个相应输入项的地址，因此，答案A和D显然不对。而对于答案B，由于在使用指针p之前未对其赋初值(未初始化)，因此，p+i不能正确表示数组a中元素的地址。而答案C，数组名a代表了数组中第一个元素的地址，当i值从0变化到9时，a+i表示了a[0]到a[9]各元素的地址，故答案C正确代表了scanf语句中输入项的地址。

对于第(2)组选项，答案B、C、D均将造成for语句的无限循环(由于s–a和a–s的结果均为0，而a–p的结果总为负值，因此for语句中的条件表达式结果永远为“真”)，只有答案A的表达式p–a正确表述了符合程序要求的for语句的循环条件。

对于第(3)组选项，根据题意要求，每次执行for循环时，应把指针变量s指向当前数组中的最大元素。显然，答案B和C中给出的形式均不表示数组元素的地址，不能赋给指针变量s；而答案D的计算结果为一负值，也不能代表地址值。只有答案A中指针p在每次执行循环时能够正确地指向数组a中的每个元素。

对于第(4)组选项，根据程序对printf语句的要求，第一个输出项应当是数组中最大元素的值；根据以上对第(3)组选项的分析，可知指针s指向数组中最大的元素，而*s表示该元素的值，因此只有答案C是正确的。对于其他3个答案，由于A和B中下标值均不符合输出数组a中最大元素的要求(a[p-a]退出for循环后代表元素a[9])；而a[s]和a[p]显然是对a数组元素的错误引用，因此这3个答案都是错误的。

对于第(5)组选项，应当从所给出的4个答案中找出一个能够正确表达数组a的最大元素下标的答案。在答案A中，p–a的值在退出第二个for循环后为10，显然与题意要求不符。而答案D中的a–s的结果只有当最大元素为a[0](这时s=a)时才正确。答案B中，p是地址值，不是下标值。只有答案 C 中的 s–a 的结果能够正确表示指针 s(代表最大元素的地址)和 a(代表第一个元素的地址)之间的元素个数，即数组 a 中最大元素的下标值。故正确答案为 C。

例 9.4　若有定义“int　a[4][10]；”，则下列选项中对数组元素 a[i][j]的错误引用是(此处 0≤i<4，0≤j<10)(　　)。

A. *(&a[0][0]+10*i+j)　　B. *(a+i)[j]　　C. *(*(a+i)+j)　　D. *(a[i]+j)

解：本题的关键是要弄清以下几点。

(1) 二维数组 a 中任一元素 a[i][j]的地址均可由表达式&a[0][0]+10*i+j 求出。

(2) *(a+i)+j 与 a[i]+j 等价，都表示 a 数组中行下标为 i、列下标为 j 的元素(a[i][j])的地址。

(3) 由于方括号[]的优先级高于*号，因此*(a+i)[j]相当于*(*(a+i+j))，而*(a+i+j)并不表示 a[i][j]的地址。

由上可知，答案 A、C、D 都是对数组元素 a[i][j]的合法引用，而答案 B 的引用方式是错误的，因此本题答案是 B。

例 9.5　以下程序是要建立一个二维数组，并按如下格式输出。请从对应的一组选项中，选出正确的一项填入程序中。

```
1  0  0  0  1
0  1  0  1  0
0  0  1  0  0
0  1  0  1  0
1  0  0  0  1
#include <stdio.h>
main()
{int  a[5][5]={0},*p[5],i,j;
 for (i=0;i<5;i++)   p[i]=____(1)____;
 for (i=0;i<5;i++)   {*(p[i]+____(2)____)=1;   *(p[i]+4-____(3)____)=1; }
 for (i=0;i<5;i++)
    {for (j=0;j<5;j++)   printf("%2d",p[i][j]);
     ____(4)____;
    }
}
```

(1) A. &a[i][0]　　B. &a[i][1]　　C. &p[i]　　D. &a[0][i]

(2) A. 0　　B. 1　　C.i　　D. (i+1)

(3) A. 0　　B. 1　　C. i　　D. (i+1)

(4) A. putchar("\n")　　B. putchar('\n')　　C. putchar('\0')　　D. printf('\n')

解：通过本题读者应该掌握如何利用一个一维指针数组来引用二维数组中的元素。

对于第(1)组选项，由于 p[i]是一个指向整型数据的指针变量，而答案 C 中的&p[i]是一个指针变量的地址，因此，它们的基类型不同，不能相互赋值。对于答案 A、B 和 D，虽然从 C 语言的语法角度出发，这 3 个答案都是合法的，但从程序中第二个 for 语句的循环体结构上看，只有答案 A 能够满足题意要求。当填入答案 A 后，该 for 语句将使指针数组 p

中的每个元素 p[i](0≤i<5)依次指向 a 数组中每行的首地址。

p[i]与 a 数组的关系如图 1-9-1 所示。

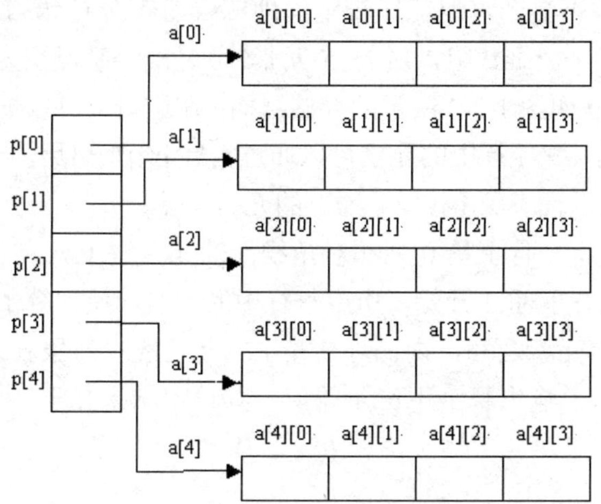

图 1-9-1　用指针数组处理二维数组

对于第(2)组选项，按照程序要求，应将二维数组 a 中主对角线上的元素都赋值为 1。由于现在对数组 a 中任一元素 a[i][j]的引用都可通过数组 p 来完成，即 *(p[i]+j)与 a[i][j]等价；且主对角线上各元素的行、列下标相等，因此答案 C 是正确的。

同理，对于第(3)组选项进行分析后可知，正确答案应当是 C。

对于第(4)组选项，根据本题对输出格式的要求，应当选择一个能够输出“换行”的输出函数。对于答案 A，由于 putchar 函数的自变量"\n"是字符串，而不是字符，故不正确。而答案 C 中输出的不是换行符；答案 D 中的 printf 函数的自变量'\n'是字符而不是字符串，因此，这两个答案均不正确。只有答案 B 满足题意要求和 C 语言的语法规则(转义字符'\n'作为换行符)。

由以上分析可知，本题的正确答案是：(1)A；(2)C；(3)C；(4)B。

例 9.6　请写出以下程序运行后的输出结果。

```
#include <stdio.h>
#define  M  6
#define  NUM  21
main()
{int a[NUM],*p[M],i,j,next_row;
  for (i=0;i<M;i++)
     {next_row=i*(i+1)/2; p[i]=&a[next_row];}
  for (i=0;i<M;i++)
     {p[i][0]=1; p[i][i]=1;}
  for (i=2;i<M;i++)
    for (j=1;j<i;j++)
      p[i][j]=p[i-1][j-1]+p[i-1][j];
  for (i=0;i<M;i++)
      {for (j=0;j<=i;j++) printf("%4d",p[i][j]);
       printf("\n");
```

```
    }
}
```

解：本题的算法并不复杂，但能比较全面地综合考查对 C 语言中数组结构的理解。

程序中 a 数组是一个一维数组，共 21 个元素，p 是一个基类型为整型的指针数组，通过第一个 for 循环，建立如图 1-9-2 所示的存储结构；在逻辑上可以把此结构看成是一个只有下半三角的矩阵结构，第 i 行中的元素可以通过指针 p[i]来引用，引用形式为*(p[i]+j)，由此可以演变为 p[i][j]，代表第 i 行第 j 列上的元素。

第二个 for 循环给每一行上第 0 列和对角线上的元素置 1。

第三个 for 循环从行下标 2 开始，引用每行中的元素，使它等于上一行、前一列上元素和上一行、同一列上元素之和，内循环变量 j 决定元素的列号，列号由 1 变化到 i–1。

第四个 for 循环用于输出整个下三角的值，其输出结果如下。

```
1
1    1
1    2    1
1    3    3    1
1    4    6    4    1
1    5    10   10   5    1
```

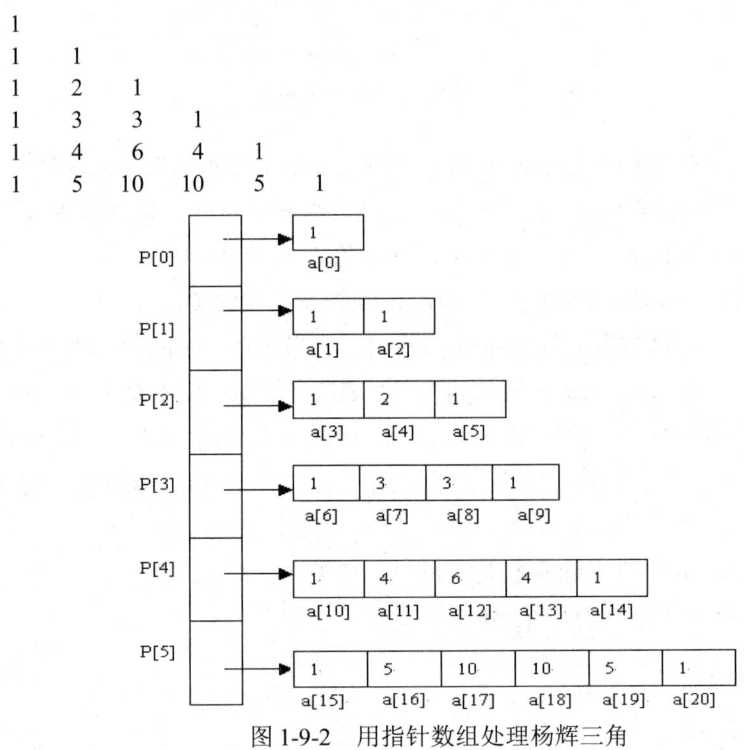

图 1-9-2　用指针数组处理杨辉三角

例 9.7　下面程序的输出结果为(　　)。

A. AEIM　　B. DFJN　　C. ABCD　　D. DHLP

```
char *alpha[6]={"ABCD","EFGH","IJKL","MNOP","QRST","UVWX"};
char **p;
main()
{int i;   p=alpha;
  for (i=0;i<4;i++) printf("%c",*(*(p+i)));
  printf("\n");
}
```

解：程序中定义了一个指针数组 alpha，它有 6 个元素。每个元素都是一个字符指针变量，分别指向 6 个字符串的首地址。变量 p 是一个指向字符型指针变量的指针变量。当执行 p=alpha 后，它们之间的关系如图 1-9-3 所示。在随后的 for 循环中输出了 4 个字符。输出项*(*(p+i))中的*(p+i)即 alpha[i](存储的是下标为 i 的字符串的首地址)。所以输出项等效于*(alpha[i])，表示取 alpha[i]所指的存储单元(字符串第一个元素)的内容。i 从 0 变化到 3，所以输出字符依次为 A、E、I、M，正确答案是 A。

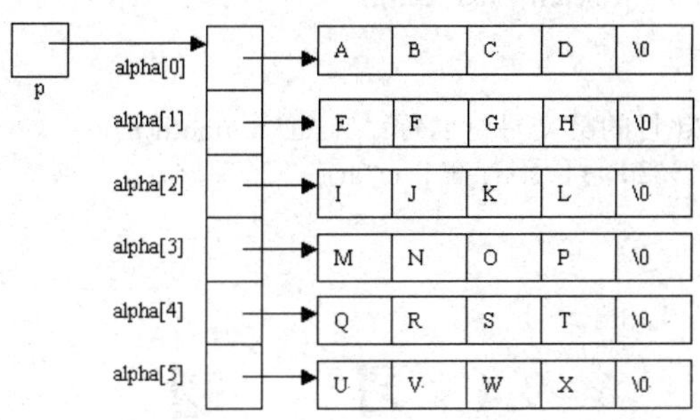

图 1-9-3　用指针数组处理字符串

例 9.8　以下程序运行的结果为(　　)。

```
void ss(char *s,char t)
{ while (*s)
   {if (*s==t) *s=t-'a'+'A';
    s++;
   }
}
main()
{char str1[100]="abcddfefdbd",c='d';
 ss(str1,c);     printf("%s\n",str1);
}
```

A. ABCDDEFEDBD　　B. abcDDfefDbD　　　C. abcAAfefAbA　　D. Abcddfefdbd

解：在程序中，首先应注意到语句“if(*s—t) *s–t–'a'+'A';”。该语句等价于语句“if(*s—t) *s=t–('a'–'A');”，而该语句即是“if (*s==t) *s=t–32；”。即若 t 为小写字母，则 t–32 是其对应的大写字母。在此基础上再来读程序，得出函数 ss 的功能，将字符指针所指的字符串中的所有与字符变量 c 内容相同的字符改为原字符减 32。调用函数 ss 时，实参分别为字符数组名 str1 和字符变量名 c，字符指针指向字符数组 str1，而 c 的内容是字符'd'，因此字符串中所有字母 d 变为大写字母 D。故答案应选 B。

例 9.9　编写一个函数，用于完成将整数转换为 12 个月份的英文名称的字符指针。在 main 函数中，输入代表月份的整数，然后调用该函数，输出月份的英文名称。

解：首先，建立一个外部字符指针数组并初始化为英文名称的 12 个月份，然后建立函数 month。该函数的功能为，当 1≤实参≤12 时，返回相应月份的字符指针，否则返回 NULL。在 main 函数中负责输入代表月份的整数和调用 month 函数。程序代码如下。

```
#include <stdio.h>
```

```
char *months[]={"","January","February","March","April","May","June",
        "July","August","September","October","November","December"};
char *month(int n)
  {if (n>=1 && n<=12)   return (months[n]);
   else   return NULL;
  }
  main()
  { int n;   char *p;
   printf("月份：");   scanf("%d",&n);
   p=month(n);
   if (p!=NULL)
     printf("%2d 月的英文月份名称：%s\n",n,month(n));
   else   printf("%2d 月份不存在！\n",n);
  }
```

9.4 习　　题

9.4.1 单项选择题

1. 关于下列定义和赋值语句说法正确的是(　　)。

(1) char str[]="I am a boy. ";

(2) char str[12];str="I am a boy. ";

(3) char *p="I am a boy. ";

(4) char *p; p="I am a boy. ";

A. 以上四组语句都正确　　B. 只有(1)、(3)、(4)正确

C. 只有(3)正确　　D. 以上四组语句都不正确

2. 若有如下定义，则下列表达式错误的是(　　)。

```
int a[10];   int *p=a;   int j=2,k=4,x;
```

A. p[j++]=a[--k];　　B. x=a[p-a];　　C. a=p+1;　　D. *p++=a[k++];

3. 已知“char *p1,*p2;”，则下列表达式正确的是(　　)。

A. p1/=300;　　B. p1*=&p2;　　C. p1=&p2;　　D. p1+=5;;

4. 若 p1、p2 是两个类型相同且指向同一数组的指针变量，则下列运算不合理的是(　　)。

A. p1+p2　　B. p1–p2　　C. p1=p2　　D. p1==p2

5. 下列语句中，能正确定义 p 为指向 float 类型变量的指针变量，且使其指向变量 d 的是(　　)。

A. float d,*p=d;　　B. float d,*p=&d;　　C. float　*p=&d,d;　　D. float d,p=d;

6. 已知“int a[10],*p=a;”，以下叙述中正确的是(　　)。

A. *p 被赋初值为 a 数组的首地址　　B. *p 被赋初值为数组元素 a[0]的地址

C. p 被赋初值为数组元素 a[1]的地址　D. p 被赋初值为数组元素 a[0]的地址

7. 假如指针 p 已经指向某个整型变量 x，且 x 的当前值为 5，则执行“(*p)++;”后，x 的值为(　　)。

A. 5　　B. 6　　C. 7　　D. 8

8. 已知“int a[4][5];”，则 a+3 相当于(　　)。

A. &a[0][3]　　B. a[0][3]　　C. &a[3]　　D. &a[3][0]

9. 已知“int a[4][5];”，则*(*a+1)+2 相当于(　　)。

A. a[1][0]+2　　B. &a[1][2]　　C. a[0][1]+2　　D. a[1][2]

10. 已知“int a[4][5];”，引用 a[1]+3 表示(　　)。

A. a[1][3]的地址　　B. a 数组第 4 行的首地址

C. a[1][3]的值　　D. a 数组第 4 列元素的首地址

11. 已知“int a[4][5];”，下列表达式错误的是(　　)。

A. *a　　B. *(*(a+2)+3)　　C. &a[2][3]　　D. ++a

12. 下列运算符中优先级最高的是(　　)。

A. ！　　B. *　　C. －>　　D. ＋＋

13. 设定义：float　*p[4]；则下列叙述中正确的是(　　)。

A. 该定义不正确，形如“char *p[4]；”的定义才是正确的。

B. 该定义正确，p 是指向一维实型数组的指针变量。

C. 该定义不正确，C 语言中不允许类似的定义。

D. 该定义正确，定义了一个指针数组 p。

14. 有如下程序段，则下列说法正确的是(　　)。

```
int m[3][4]={1,2,3,4,5,6,7,8}; printf("%d,",*(*(m+1)+1));
```

A. 输出结果为 1　　B. 输出结果为 6

C. 输出结果为 5　　D. 输出结果为 2

15. 如下程序段的输出是(　　)。

```
char a[]={"abcdef"};   char *p=a;
*(p+2)=*(p+2)+3;   printf("%c,%c\n",*p,*(p+2));
```

A. d,f　　B. a,c　　C. a,f　　D. f,e

16. 执行如下程序段，输出结果是(　　)。

```
char *p="student";   p++;    printf("%d",p);
```

A. student　　B. tudent　　C. t　　D. 字符 t 的地址

17. 设有说明“int　(*ptr)[M];”，其中 ptr 是(　　)。

A. 长度为 M 的指针数组

B. 指向函数的指针变量

C. 指向长度为 M 个整型一维数组的指针变量

D. 以上说法都不对

18. 有如下程序，则下列说法正确的是(　　)。

```
main()
{int m[12], *p[3], k,sum=0;
  for( k=0; k<12; k++)
    { m[k]=2*k;
      if (k<3) p[k]=m+2*k*k;
    }
  for(k=0; k<3; k++)   sum+=*p[k];
  printf("%d\n", sum);
}
```

A. 输出 12　　B. 输出 20　　C. 输出 6　　D. 输出 3

19. 已知定义 char **s;，则下列语句正确的是(　　)。

A. s="computer";　　B. *s="computer";

C. **s="computer";　　D. *s='A';

20. 说明语句“int (*p)()”的含义是(　　)。

A. p 是一个指向一维数组的指针变量

B. p 是指针变量，指向一个整型数据

C. p 是一个指向函数的指针变量，该函数的返回值为整型

D. 以上答案都不对

21. 设有定义 char *p1,*p2,*p3,*p4,ch; 则以下给变量的赋值不合适的是(　　)。

A. p1=&ch;scanf("%c",p1) ;　　B. p2=(char *)malloc(1);scanf("%c",p2) ;

C. *p3=getchar();　　D. p4=&ch;*p4=getchar();

22. 若有以下说明语句，则对字符串中字符的引用错误的是(　　)。

```
char *strp="string";
```

A. *strp　　B. *(strp+i)　　C. strp[i]　　D. strp

23. 设“char s[10];int i;”，则以下表达式正确的是(　　)。

A. s[10];　　B. *(s+i)　　C. *(&s+i)　　D. *((s++)+i)

24. 下列程序的输出结果是(　　)。

```
#include <stdio.h>
  void swp(int *a, int *b)
     { int *t;   t=a; a=b; b=t;}
  int main()
    {int a=4,b=6;
     swp(a,b);
     printf("%d,%d\n",a,b);
     return 0;
    }
```

A. 4,4　　B. 6,4　　C. 4,6　　D. 6,6

25. 设 p、q 是两个类型相同且指向同一数组的指针变量，则以下运算不适合的是(　　)。

A. p<q　　B. p=q　　C. p+q　　D. q–p

26. 当调用函数时，实参是一数组名，则向函数传递的是(　　)。

A. 数组的长度　　B. 数组的首地址

C. 数组每一个元素的地址　　D. 数组每个元素的值

27. 下列程序的输出结果是(　　)。

```
int main()
{ char s[]="Shanghai World Expr. 2010";
   char *ps=s+5;
   printf("%c,%s\n",*ps,ps);
   return 0;
}
```

A. h,h　　B. h,hai World Expr. 2010

C. g,g;　　D. g,ghai World Expr. 2010

28. 设有如下语句。

```
char str1[]="string",str2[10],*str3,*str4="string";
```

(　　)对库函数 strcpy 的调用是不合适的。

A. strcpy(str1, "hello");　　B. strcpy(str2, str1);

C. strcpy(str3+str4, "hello");　　D. strcpy(str4, strcat(str4, "hello"));

29. 如下程序的输出结果是(　　)。

```
#include <stdio.h>
void fun(char *s,char t )
{ while(*s)
     if(*s==t)     strcpy(s,s+1);
     else    s++;
}
main( )
{ char str[100]= "ABcDDcbA",c= 'D';
   fun(str,c);
   puts(str);}
```

A. ABcDDDDcbA　　B. AbccbA　　C. abcDDcbA　　D. ABcddcbA

30. 如下程序的运行结果是(　　)。

```
#include <stdio.h>
main()
{ int a=28,b;     char s[20],*ps;
   ps=s;
   do
     { b=a%16;
       if(b<10) *ps=b+'0';
```

```
        else *ps=b+7+'0';
        ps++;
        a=a/5;
    }while(a);
    *ps='\0';
    puts(s);
}
```

A. 10　　B. C2　　C. C51　　D. \0

9.4.2 填空题

1. 在定义"int a=7; int *point;"中，让指针 point 指向 a 的语句是___(1)___；当 point 指向 a 后，___(2)___与 point 等价；___(3)___与*point 等价；(*point)++与___(4)___等价；执行 point++后，则变量 a 的值为___(5)___。

2. 定义"static int a[5]={1,2,3,4,5}; int *p;　p=&a[0];"，与 p=&a[0]等价的是___(1)___；p[3]___(2)___(是/不是)合法的写法；语句 p=(a+3)___(3)___(是/不是)合法的语句；*(p+1)的值是___(4)___，*(a+2)的值是___(5)___。

3. 定义 a 为有 5 个元素的一维字符型数组，同时定义 p 为指向 a 数组首地址的指针变量的语句为__________。

4. 定义 a 为有 4 行 5 列的二维整型数组，同时定义 p 为指向 a 数组首地址的指针变量的语句为__________。

5. 语句"char a[]="hangzhou",*p=a; int i; for(i=0;*p!='\0';p++,i++);"，执行后，i 的值为___________。

6. 若定义了"int i,a[10],b[6][2],*p=a,**q;"，则下列表达式合法的是_______。

(1)p=&i;　(2)p+=5;　(3)p==q;　(4)&*a;　(5)&*b[0][1];　(6)&a--;
(7)&q++;　(8)q=&p;　(9)q=&(p==&i);　(10)&**q=p;　(11)p=p+1;　(12)q=p;
(13)!p;　(14)－p;　(15)b[1]++;　(16)&b[1][4];

7. 设已定义了"int　*a[4][4];"，与 a[2][3]等价的表达式是__________。

(1)*a[2]+3;　(2)**((a+2)+3);　(3)*(*(a+2)+3);　(4)*(a+2)[3];
(5)*(a[2]+3);　(6)&*a[2][3];　(7)*&a[2][3];　(8)((void*)a)[2][3];
(9)(&*a)[2][3];　(10)(*a+2)[3];　(11)(a[2])[3];　(12)(int *)a[2][3];
(13)(&a)[2][3];

8. 若定义了"int a[3][4]={{1,2,3},{10,20},{5,6,7}}; int *p; p=&a[0][0];"，与语句"p=&a[0][0];"等价的语句为___(1)___。*(p+5)的值为___(2)___，*(a[2]+2)的值为___(3)___。

9. 有如下函数声明语句。

```
float　min(float,float);
```

定义一个指向此函数的指针的语句是___(1)___；
将此函数入口地址赋给这个指针的语句是___(2)___；

用此指针调用此函数的语句(实参为 a、b)是____(3)____；

10. 以下程序以每行输出 8 个数据的形式输出数组 a 的各个元素，请填空。

```
#include <stdio.h>
main()
{int a[50],i,*p;
 for (p=a,i=0;i<50;i++) scanf("%d",____(1)____);
 for (p=a,i=0;i<50;i++)
    {if (____(2)____)    ____(3)____
     printf("%3d",*(p+i));
    }
}
```

11. 以下程序实现将数组各元素逆序存放，请填空。

```
#include <stdio.h>
#define   SIZE   12
main()
{int a[SIZE],i,j,t,*p,*q;
   for (i=0;i<SIZE;i++)   scanf("%d",&a[i]);
   p=a;q=____(1)____
   while (____(2)____)
      {t=*p;____(3)____;____(4)____;____(5)____;q--;}
   for (i=0;i<SIZE;i++) printf("%3d",a[i]);printf("\n");
}
```

12. 以下程序用于实现将无符号八进制字符串转换为十进制数，请填空。

```
#include <stdio.h>
main()
{ char *p,s[10];   int n;
   ____(1)____
   gets(p);
   n=0;
   while(____(2)____)
      { n=n*8+(*p)-‘0’;
        p++;}
   printf("%d\n",n);
}
```

9.4.3　阅读程序写结果题

1.
```
main()
{int   a[]={1,2,3,4,5,6};    int   *p, i;
 p=a; *(p+3)+=2; printf("n1=%d,n2=%d",*p,*(p+3));
}
```

2.
```
# include <stdio.h>
main()
{int   i, j, *p, *q;
 i=2; j=10; p=&i; q=&j; *p=10; *q=2;   printf("i=%d,j=%d\n",i,j);
}
```

3.
```
# include <stdio.h>
main()
{int  i, *p;  p=&i;  *p=2;  p++;  *p=5;
 printf("%d,",*p);  p--;  printf("%d\n",*p);
}
```

4.
```
# include <stdio.h>
main()
{int *p,i;  i=5;  p=&i;  i=*p+10;  printf("i=%d\n",i); }
```

5.
```
# include <stdio.h>
main()
  {int a[]={2,3,4};  int s,i,*p;  s=1;  p=a;
   for(i=0;i<3;i++)  s*=*(p+i);     printf("s=%d\n",s);
}
```

6.
```
#include <stdio.h>
   main()
  {int  a[ ]={1,2,3,4,5,6},*p;
   for(p=&a[5];p>=a;p--)  printf("%d",*p);
  }
```

7.
```
# include <stdio.h>
main()
{char  ch[2][3]={"69", "82"},*p[2];  int i,j,s=0;
 for (i=0;i<2;i++)  p[i]=ch[i];
 for (i=0;i<2;i++)
    for (j=0;p[i][j]>'\0'&& p[i][j]<= '9';j++)  s=10*s+p[i][j]- '0';
 printf("%d\n",s);
}
```

8.
```
# include <stdio.h>
main()
{char  *p1,*p2,str[20]= "xyz";
 p1="abcd";  p2="ABCD";
 strcpy(str+1,strcat(p1+1,p2+1)); printf("%s",str);
}
```

9.
```
swap (int  *pt1, int  *pt2)
     {int i;  i=*pt1; *pt1=*pt2; *pt2=i; }
  exchange(int  *q1, int  *q2, int  *q3)
    {if  (*q1<*q2)  swap(q1,q2);
     if  (*q1<*q3)  swap(q1,q3);
     if  (*q2<*q3)  swap(q2,q3);
    }
main()
  {int a,b,c, *p1,*p2,*p3;
   p1=&a;  p2=&b;  p3=&c;  *p1=3;  *p2=6;  *p3=9;
   exchange(p1,p2,p3);  printf("a=%d,b=%d,c=%d",a,b,c);
  }
```

10. 设包含如下程序的文件名为 myprog.c，编译后输入命令 myprog one two three。

```
#include <stdio.h>
 main(int argc, char *argv[ ])
 {int i;
  for(i=1;i<argc;i++)    printf("%s%c",argv[i],(i<argc-1) ? ' ' : '\n');
 }
```

11. main()

```
{ int   a[6]={1,3,5,7,9,11}, b[6]={10,2,6,5,3,21}, *p1, *p2,k=0;
  p1=a;   p2=b;
  for(i=1;i<6;i++)    if (*(p1+i)<*(p2+i)) k++;
  printf("\n%d\n",k);
}
```

12. # include <stdio.h>

```
main()
{int   a[ ]={1,3,5,7,9},*p=a;
 printf("%3d",(*p++)); printf("%3d",*(++p)); printf("%3d\n",(*++p)++);
}
```

13. 如下程序所在文件的文件名为 wen.c，运行时输入的命令行参数为:

```
            wen    God    Save    me
main (int argc, char *argv[ ])
{while (--argc)    printf("%2c", *(*(++argv)));   }
```

14. char　*strcat(char　*str1, char　*str2)

```
{ char *t=str1;
  while ( *str1 ) str1++;
  while ( *str1++=*str2++);
  return(t);
}
 main()
{char   s1[40],s2[20],*p1,*p2;
 gets(s1); gets(s2); p1=s1; p2=s2;
 printf("\n%s\n",strcat(p1,p2));
}
```

运行此程序给 s1 和 s2 分别输入 student 和 teacher。

15. main( )

```
{static int aa[3][3]={{2},{4},{6}},i,*p=&aa[0][0];
 for (i=0;i<2;i++)
    {if (i==0)   aa[i][i+1]=*p+1;
     else   ++p;
     printf("%d",*p);
    }
 printf("\n");
}
```

问：(1)aa 数组 9 个元素的值是什么？(2)程序输出结果是什么？

9.4.4　编写程序题(要求使用指针)

1. 从键盘输入 3 个整数，定义 3 个指针变量 p1、p2、p3，使 p1 指向 3 个数中的最大数，p2 指向次大数，p3 指向最小数，然后按从大到小的顺序输出 3 个数。

2. 对包含 100 个整数的一维数组，找出其中能被 3 或 5 整除的数存储到另一个数组中并输出。

3. 按照字典排序方式给若干个字符串排序。

4. 计算从键盘输入的 100 个实数的平均值，并输出这 100 个实数及其平均值。

5. 编写一个函数，不用字符串连接函数 strcat，完成两个字符串的连接。

6. 编写一个函数，在给定的一个英文句子中查找某个英文单词，找到则返回该英文单词第一次出现的位置，否则返回－1(不允许使用 strstr 函数)。

7. 输入一串字符，统计其中字符 a~f 每个出现的频率(百分比)。

8. 输入一个 1 到 10 的整型数，输出与该整型数对应的英语单词。例如，输入 1，输出 one；输入 2，输出 two，……，输入 10，输出 ten。

9. 编写一个函数，对存储在数组中的英文句子统计其中的单词个数。单词之间用空格分隔。

10. 用矩形法分别求函数 y=sin(x)在[0,1]区间上的定积分、y=cos(x)在[－1,1]区间上的定积分、$y=5x^2+6x+7$ 在[1,3]区间上的定积分，要求使用指向函数的指针变量。

11. 找出矩阵某一行中的最大数。

12. 从键盘输入 a 和 b 两个整数，在矩阵中查找与 a 相同的数，找到后用 b 替换。

13. 定义一个函数，函数原型为 int replace(char s, char t, char *str)，该函数的功能是将字符串 str 的参数 s 所指定的字符替换为字符参数 t 所指定的字符，将替换次数作为函数返回值，然后定义主函数调用该函数。

14. 写一个函数，其函数原型为 int day_of_year(int year,int month,int day)，三个参数分别指定某个日期的年、月和日，函数返回该日期是当年的第几天。

15. 写一个函数 strend，其函数原型为 int strend(char *s,char *t)，功能是判断字符串 t 是否是字符串 s 的右子串，如果是则返回 1，否则返回 0。

9.5　习题参考答案

9.5.1　单项选择题答案

1. B	2. C	3. D	4. A	5. B	6. D	7. B	8. C	9. C	10. A
11. D	12. C	13. D	14. B	15. C	16.D	17. C	18. B	19. B	20. C

21. C　22. D　23. B　24. C　25. C　26. B　27. B　28. C　29. B　30. C

9.5.2　填空题答案

1. (1) point=&a　(2) &a,　(3) a　(4) a++　(5) 7;
2. (1) p=a　(2) 是　(3) 是　(4) 2　(5) 3;
3. char　a[5],*p=a;
4. int a[4][5],*p=a
5. 8
6. (1),(2),(4),(8),(11),(13),(16)
7. (3),(5),(7),(11),(12)
8. (1) p=a[0]　(2) 20　(3) 7
9. (1) float (*p)( );　(2) p=min;　(3) (*p)(a,b);
10. (1) &a[i]或 a+i 或 p+i　(2) i%8==0　(3) printf("\n")
11. (1) a+SIZE-1　(2) p<=q　(3) *p=*q
    (4) *q=t　(5) p++
12. (1) p=s;　(2) *p!= '\0'

9.5.3　阅读程序写结果题答案

1. n1=1,n2=6　2. i=10,j=2　3. 5,2
4. i=15　5. s=24　6. 654321
7. 6982　8. xbcdBCD　9. a=9,b=6,c=3
10. one two three　11. 2
12. 1　5　7　(*p++等价于*(p++);因*和++优先级相同，自右向左结合)
13. G S m　14. studentteacher
15. (1) aa 数组的 9 个元素分别为{{2,3,0},{4,0,0},{6,0,0}}。
    (2) 程序输出为 23

9.5.4　编写程序题参考答案

1.
```
# include "stdio.h"
main()
{ int a1,a2,a3,*p=NULL,*p1,*p2,*p3;    p1=&a1; p2=&a2; p3=&a3;
   scanf("%d,%d,%d",p1,p2,p3);
   if (*p1<*p2)    {p=p1; p1=p2; p2=p; }
   if (*p1<*p3)    {p=p1; p1=p3; p3=p; }
   if (*p2<*p3)    {p=p2; p2=p3; p3=p; }
   printf("%d,%d,%d\n",*p1,*p2,*p3);
}
```

2.
```
main()
{ int i,j=0,a[100],b[100],*p;
```

```
    for (p=a ,i=0;i<100;i++)   scanf("%d",p++);
    for (p=a ,i=0;i<100;i++,p++)
      if ((*p)%3==0||(*p)%5==0)   b[j++]=*p;
    for (i=0;i<j;i++)
      printf("%d,",b[i]);/*输出被 3 或 5 整除的元素*/
  }
```

3.
```
#include <stdio.h>
main()
{char   *cp[6]={"red","green","blue","white","yellow","black"};
 int   i,j,k;    char   *t;
 for (i=0;i<6;i++)
   { k=i;
     for (j=i+1;j<6;j++)
       if (strcmp(cp[j],cp[k])<0) k=j;
     if (k!=i)   {t=cp[i];cp[i]=cp[k];cp[k]=t;}
   }
 for (i=0;i<6;i++)   printf("\n%s",cp[i]);
}
```

4.
```
main()
{ int i; float a[100],*p,aver=0;
  for (p=a ,i=0;i<100;i++)   scanf("%f",p++);
  for (p=a,i=0;i<100;i++,p++)   aver=aver+*p;
  aver=aver/100;
  for (p=a,i=0;i<100;i++,p++) printf("%f, ", *p);
  printf("%f\n",aver);
}
```

5.
```
char   *concat(char *dst,char *src)
      {char *p,*q;
       for (p=dst;*p;p++);
       for (q=src;*q;q++,p++) *p=*q;
       *p='\0';
       return(dst);
      }
main()
   {char   s1[80],s2[40];
     gets(s1);gets(s2);   puts(concat(s1,s2));
   }
```

6.
```
#include <string.h>
int   seek_substr(char *dst,char *src)
 { int i, j, len_s, len_t;     /*在 src 指向的字符串中搜索 dst 指向的字符串 */
   char *next_s;
   len_s=strlen(src); len_t=strlen(dst);
   for (i=0;i<=len_s-len_t+1;i++)
     { next_s=src+i;
       for (;*dst==*next_s && *dst;dst++,next_s++);
       if (*dst==0)   return(i);
     }
   return(-1);
 }
```

7.
```
main()
  {int i,j,num[6]={0},n=0;   char s[40];
   printf ("please input:");   scanf ("%s",s);
   for (i=0;s[i]!='\0';i++)
      {n++;j=s[i]-'a';
       if (j>=0 && j<=5) num[j]++;
      }
   for (i=0;i<6;i++)
      {num[i]=num[i]*100.0/n+0.5;
       printf("%d %% ,",num[i]);
      }
  }
```

8.
```
#include "stdio.h"
char *month_name(int n);
main()
 {int n;
  printf ("\nplease enter 1 integer(1—10):");   scanf("%d",&n);
  if (n>=1||n<=10)   printf ("%d, %s\n",n,month_name(n));
  else   printf ("Input error! \n");
  }
char *month_name(int n)
  {static char *name[]=
          {"","one","two","three","four","five","six","seven","eight ","nine","ten",);
   return (name[n]);
  }
```

9.
```
#include "stdio.h"
int count_word(char *str);
main()
{ char str1[80],c,res;
  puts("\nplease enter a string:");   gets(str1);
  printf("There are %d words in this sentence",count_word(str1));
}
int count_word(char *str)
{int count,flag;   char *p;   count=0;   flag=0;   p=str;
  while (*p!='\0')
     {if (*p==' ') flag=0;
      else if (flag==0)   { flag=1;   count++;   }
      p++;
     }
  return(count);
}
```

10.
```
# include "math.h"
float f1(float x)                              /*计算 y=sin(x)函数值*/
   {float y; y=sin(x); return(y);}
float f2(float x)                              /*计算 y=cos(x)函数值*/
   {float y; y=cos(x); return(y);}
float f3(float x)                              /*计算 y=5x2+6x+7 函数值*/
   {float y; y=5*x*x+6*x+7;return(y);}
float djf(float (*p)(float),float e,float f)   /*矩形法求定积分*/
```

```
  {int i,n=20; float h,s=0,x;
   h=(f-e)/20;   x=e;
   for(i=1;i<=n;i++)
        {x=x+h;
         s=s+h*(*p)(x);
        }
   return(s);
  }
main()
  {float a,b,s1,s2,s3,(*p)(float);
   a=0; b=1; p=f1; s1=djf(p,a,b);
   a=-1; b=1; p=f2; s2=djf(p,a,b);
   a=1; b=3; p=f3; s3=djf(p,a,b);
   printf("%f,%f,%f\n",s1,s2,s3);
  }
```

11.
```
# define   M   4
# define   N   8
main()
{ int n,i,j,max,s[M][N],(*p)[N]; p=s
  for (i=0;i<M;i++)
    for (j=0;j<N;j++)   scanf("%d",&s[i][j]);
  printf("请输入行下标(从 0 开始)：");   scanf("%d",&n);
  max=s[n][0];
  for (j=1;j<N;j++)   if (max<*(*(p+n)+j))   max=*(*(p+n)+j);
  printf("下标为%d 的一行中最大数是%d",n,max);
}
```

12.
```
#define   M   3
#define   N   5
main()
{ int a,b,i,j,s[M][N],*p;   p=s;
  for (i=0;i<M;i++)
     for (j=0;j<N;j++)   scanf("%d",p++);
  scanf("%d,%d",&a,&b);
  for (i==0;i<M;i++)
     for (j=0;j<N;j++)
        if (s[i][j]==a) s[i][j]=b;
}
```

13.
```
#include <stdio.h>
int replace(char s,char t,char *str)
{char *ps;     int cnt=0;
  ps=str;
  while(*ps)
     { if(*ps==s)
          {*ps=t;   cnt++;   }
       ps++;
     }
  return cnt;
}
main()
```

```
{char str[80],ch1,ch2;     int n;
 printf("Please input the source string: ");     gets(str);
 printf("Please enter the replaced char: ");     ch1=getchar();
 printf("Please enter the target char: ");
 getchar();ch2=getchar();     /*前一个 getchar 用于消除输入被替换字符后的回车符*/
 n=replace(ch1,ch2,str);
 if(n>0)
     {printf("the total of replaced chars is %d\n",n);
      puts(str);
     }
   else
      printf("%c is not fount in %s, so no replace happened\n",ch1,str);
   return 0;
 }
```

14.
```
#include <stdio.h>
static int daytab[2][13]=
    {{0, 31, 28, 31, 30, 31, 30, 31, 31, 30, 31, 30, 31},
    {0, 31, 29, 31, 30, 31, 30, 31, 31, 30, 31, 30, 31}};
int day_of_year(int year,int month,int day)
{ int i,leap;   /*leap 判断是否闰年，如是则 leap=1，否则 leap=0*/
    leap=(year%4==0)&&(year%100!=0)||(year%400==0);
    if(month<1 || month >12)       return -1;
    if(day<1||day>daytab[leap][month])      return -1;
    for(i=1;i<month;i++)        day+=daytab[leap][i];
    return day;
}
```

15.
```
#include "stdio.h"
int strend(char *s,char *t)
{ char *bs=s,*bt=t;   /*bs,bt 分别记录两个字符串的开始位置*/
  for(;*s; s++);
  for(;*t;t++);   /*以上两个循环语句分别把 s，t 移至字符串的末尾*/
  for(;*s==*t;s--,t--)
     if(t==bt||s==bs)     break;
  if(*s==*t &&t==bt && *s!='\0')     return 1;
  return 0;
}
```

第10章　结构体与其他数据类型

10.1　本 章 要 点

10.1.1　结构体概述

结构体是一种构造类型，它是由若干个“成员”组成的。每一个成员的类型既可以是基本数据类型，也可以是一个构造类型。

10.1.2　定义结构体类型变量的方法

声明结构体类型的一般格式如下。

```
struct  结构体名
{
  成员列表
};
```

成员列表由若干个成员组成，每个成员都是该结构体的一个组成部分。对每个成员也必须作类型说明。

定义结构体变量有如下 3 种方法。

(1) 先声明结构体类型，再定义该类型的变量。

(2) 在声明结构体类型的同时，定义该类型的变量。

(3) 只定义结构体类型的变量，而不给出显式的结构体类型名称。

10.1.3　结构体变量的引用和初始化

不能对结构体变量进行整体输入、输出，只能对结构体变量的每个成员分别进行输入、输出。引用结构体变量成员的一般格式如下。

```
结构变量名.成员名
```

如果结构体的成员本身仍然是结构体类型，则应使用若干个成员运算符“.”逐级找到最低一级成员，对其进行输入或输出。

可以采用逐个对结构体成员进行指定初始值的方法对结构体变量进行初始化，其形式类似于数组的初始化，只是数组各元素的类型相同，而结构体各成员的数据类型可能不同。

10.1.4　结构体数组

结构体数组就是数组元素是结构体类型的数组，即结构体数组的每一个元素都是具有相同结构体类型的结构体变量。在实际应用中，常用结构体数组来表示具有相同数据结构的一个群体，如一个班的学生档案，一个车间职工的工资表等。

结构体数组的定义方法与其他类型的数组定义类似，只需指出数组的类型为结构体类型即可。

10.1.5　指向结构体数据的指针

1. 指向结构体变量的指针

使用一个指针变量来指向一个结构体变量时，该指针变量被称为指向结构体的指针变量。定义指向结构体的指针变量的一般格式如下。

struct　结构体名　*指针变量名

用指向结构体的指针变量引用结构体成员的两种格式如下。

(1) (*指针变量名).成员名

(2) 指针变量名->成员名

“->”是一个整体，也是成员运算符，拥有与“.”相同的优先级。需要注意的是，“->”的左边连接的是指针变量，而“.”左边连接的是一般变量。

2. 指向结构体数组的指针

指向结构体的指针变量可以指向与其基类型相同的结构体数组，这时，指向结构体的指针变量的值是整个结构体数组的首地址。指向结构体的指针变量也可以指向结构体数组的一个元素，这时，指向结构体的指针变量的值是该结构体数组元素的首地址。

3. 结构体指针变量作为函数参数

在 ANSI C 标准中，允许用结构体变量作为函数参数进行整体传送。但是，这种传送需要将全部成员逐个赋值，当结构体所含成员较多时，会影响程序的效率。因此更好的选择还是使用指针，即用指向结构体的指针变量作为函数参数。这时，由实参传向形参的只是地址，降低了时空开销。

4. 用指针引用结构体变量的成员

对于结构体变量的成员，可以定义与其成员同类型的指针变量进行引用，这与通过指针引用同类型的一般变量的方法相同。

10.1.6 用指针处理链表

1. 链表概述

链表是计算机程序中常见的，且十分重要的数据结构，通过在节点中设置链表域来维系节点之间的相互关系(数组依靠元素间的位置关系来维系其间的相互关系)，可以根据节点中指针域的数量来构成单链表、双链表等多种链表结构。

单链表结构如下。

```
struct node
  { Data_type data;        /*节点中存放的有用数据*/
    struct node *link;     /*用于维系链接关系的指针域*/
  }
```

2. 动态存储分配

真正有实用价值的链表，其节点都是动态分配的，即需要时创建一个节点，用完后其所占存储空间由编译程序收回。常用于实现动态存储分配与回收的C库函数包括如下。

(1) malloc函数

该函数用于在内存中分配一个指定长度(以字节为单位)的存储空间。调用格式如下。

```
malloc(size)
```

作用是在内存的动态存储区中分配长度为size的连续空间(以字节为单位)。

使用 malloc 函数时应注意：当内存中不能提供足够的存储空间来分配时，函数返回NULL值(空值)；否则函数返回代表所分配存储空间的首字节的地址。

在老版本C语言中，该地址的基类型为字符型，如果需要得到其他基类型的地址，则要进行强制类型转换。在新的ANSI标准中，规定malloc函数的基类型为void *，因此在把返回地址赋给具体的指针变量时必须进行强制类型的转换。

(2) free函数

该函数用来释放动态分配(调用malloc函数)的存储空间。函数调用格式如下。

```
free(指针)
```

其中，指针应指向动态存储区的首地址。

3. 链表的基本操作

与顺序结构(如数组)相比，链表在插入或删除节点时，无须移动其他节点，故可以节省开销。对链表的主要操作有以下几种。

为了叙述方便，不妨假设有一个单链表，其头指针(一个指出链表的第一个节点的指针)为head，p、q、s都是指针变量，可以指向链表的各个节点。

(1) 链表的遍历

所谓遍历就是对链表的节点访问且仅访问一次。一般的做法是从链表的头指针出发，根据链表指针域的指向依次访问链表中的各个元素，直至链表的尾部(通常将链表最后一个节点的指针域设置为空指针)，示例如下。

```
for(p=head;p!=NULL;p=p->link)    对节点 p 进行访问;
p=p->link 实现把指针 p 移至下一个链表节点，相当于数组中的 i++。
```

(2) 插入一个节点

设指针变量 s 指向待插入的新节点，指针变量 p 指向待插入节点的位置，指针变量 q 指向链表的下一个节点，完成插入后，使 s 指向的节点成为 p 所指向节点的直接后继，典型的插入操作如下。

```
p->link=s;   s ->link=q;
```

思考：如果让新插入节点成为链表的第一个节点，该如何操作呢？

(3) 删除一个节点

设指针 s 指向待删除的节点，指针 p 指向 s 节点的前一个节点，典型的删除操作如下。

```
P->link=s->link;
```

10.1.7　共用体

定义共用体变量的目的是使几个不同类型的变量成员共同使用同一段内存单元。

定义共用体类型及相应变量的方法与结构体类似，但定义共用体变量时不能进行初始化，由于共用体变量的各成员“共用”同一块内存区域，因此共用体变量的值取决于最近一次被赋值的成员值。

其他有关共用体与结构体的主要区别参见第 10.2 节的相应内容。

10.1.8　枚举类型

枚举类型是一种基本数据类型，它不是构造类型，因为它不能再分解为任何基本类型。

声明枚举类型时，不要在“枚举类型名称”与“{枚举常量列表}”之间添加=。此外，枚举常量值列表中，各个常量列表之间用逗号分隔，列表中的每一项都是常量，故不能在程序中对这些常量进行赋值。

设有定义如下。

```
enum Week_Day{Mon,Tue,Wed,Thu,Fri,Sta,Sun};
```

在程序中诸如“Tue=2;”的语句是不允许出现的。但可以在定义该枚举类型时，为枚举常量指定一个整数值，示例如下。

```
enum Week_Day{Mon=1,Tue,Wed,Thu,Fri,Sta,Sun=0};
```

枚举变量的定义，同结构体和共用体一样，可用不同的方式定义。

10.1.9　用 typedef 定义类型

可以用 typedef 声明新的类型名，从而为已有数据类型添加一个“有意义”的新类型名。使用 typedef 的一般过程如下。

(1) 按定义变量的方法写出定义体。

(2) 将变量名换成新类型名。

(3) 在最前面加上 typedef。

(4) 用新类型名定义变量。

示例代码如下。

```
typedef int INTEGER; INTEGER n,m;
```

上述语句就定义了两个整型变量 m、n，相当于“int n,m;”。其意义通常是为了提高程序的可读性或通用性，在 C++、MFC 中都有广泛的应用。

10.2　本 章 难 点

10.2.1　在函数之间传递结构体数据

1. 结构体变量作为函数的参数

ANSI C 标准允许函数之间传递结构体变量，若实参是结构体变量，那么形参也应该是结构体变量。在发生函数调用时，形参结构体变量也要占用内存空间，接受实参结构体变量传递来的信息。因此，函数之间传递结构体变量会带来时间和空间的巨大开销；而且，形参和实参之间是“值传递”的方式，所以虽然语法上允许，但一般很少采用这种传递方式。

2. 结构体指针作为函数的参数

结构体指针作为函数的参数时，可以传递结构体变量的地址。被调函数中可以通过实参传来的结构体变量的地址引用结构体变量，从而在被调函数中对结构体变量进行修改，也就间接地达到了改变主调函数中结构体变量的值的目的。

3. 结构体数组作为函数的参数

向函数传递结构体数组与传递其他数组一样，实际传递的是数组的首地址，形参数组与实参数组共用同一段内存单元。

10.2.2　结构体与共用体的区别

(1) 两者在形式上有一些相似之处，但两者有本质的区别：结构体和共用体都由成员组成，成员可以具有不同的数据类型，但表示方法相同，都可用 3 种方式定义变量。

(2) 结构体中各成员占有不同的内存空间，一个结构体变量的总长度是各成员长度之和。而在共用体中，各成员共享一段内存空间，一个共用体变量的长度是最长的成员的长度。

(3) 结构体变量可以作为函数参数，函数也可返回指向结构体的指针变量。而共用体变量不能作为函数参数，函数也不能返回指向共用体的指针变量，但可以使用指向共用体变量的指针。

(4) 共用体变量的地址与它的各成员的地址相同。而结构体变量的地址与它的第一个成员的地址相同，与其他成员的地址则不相同。

10.2.3　链表操作

1. 创建链表

过程为：①读取数据；②生成新节点；③将数据存入节点的成员变量中；④将新节点插入到链表中。重复上述操作直至输入结束。

2. 遍历(输出)链表

利用一个工作指针(p)，从头到尾依次指向链表中的每个节点。当指针指向某一个节点时，就输出该数据域中的内容；如果是空链表，则输出相关信息并返回调用函数。

3. 插入链表节点

首先确定插入的位置。当插入节点在指针 p 所指的节点之前称为“前插”；当插入节点在指针 p 所指的节点之后称为“后插”。

4. 删除链表节点

过程为：首先找到将要删除的节点的前趋节点；然后将前趋节点的指针域指向要删除节点的后继节点；最后，释放被删除节点所占用的存储空间。

10.3　例 题 分 析

例 10.1　如下程序的输出结果为(　　)。

```
struct   st
{ int    x;
  int    *y;
};
int   dt[4]={10,20,30,40};
struct   st   *p,aa[4]={50,&dt[0], 60,&dt[1], 70,&dt[2], 80,&dt[3]};
main()
{ p=aa;
```

```
    printf("%4d", ++p->x);
    printf("%4d", (++p)->x);
    printf("%4d", ++(*p->y));
}
```

解：(1) 注意到运算符->的优先级是最高的，所以 printf()语句中的++p->x 应理解为"++(p->x)"；又因为程序通过语句"p=aa;"已把数组 aa 的首地址赋给了 p，所以此时 p 指向结构体数组 aa 的第一个元素，p->x 的值为 50，所以第一个 printf()语句的输出为 51。

(2) 指向运算符和运算符()的优先级相同，但从左至右，所以第二个 printf()语句中，先将指针 p 加 1，指向数组 aa 的第二个元素，输出此元素的成员变量 x 的值为 60。

(3) 第三个 printf()语句中，输出项++(*p->y)应理解为++(*(p->y))，是先引用结构体成员变量 y 的值为&dt[1]，再对此地址获取内容，为数组 dt 的第二个元素 20，再将此值加 1，得 21，并输出。

故输出结果为 51　60　21。

例 10.2　下列程序的输出结果为(　　)。

A. 0　　B. 1　　C. 3　　D. 6

```
main()
{ struct   cmplx{int   x; int   y;} cnum[2]={1,3,2,7};
  printf("%d\n",cnum[0].y/cnum[0].x*cnum[1].x);
}
```

解：(1) 该程序定义了一个名为 cnum 的有两个元素的数组，其元素类型为 cmplx 结构类型，两个元素的值分别为(1，3)，(2，7)，所以 cnum[0].y=3，cnum[0].x=1，cnum[1].x=2。

(2) 而 printf()语句输出的是表达式 cnum[0].y/cnum[0].x*cnum[1].x 的值，可以把此表达式转换为 3/1*2，值应为 6。

所以最后程序输出的是 6，故答案为 D。

例 10.3　对结构体变量 stu1 的成员 age 的引用非法的是(　　)。

A. stu1.age　　B. p.age　　C. p->age　　D. (*p).age

```
struct   st
{ int age;   int num; }stu1,*p;
 p=&stu1;
```

解：选项 A 相当于"结构体变量名.成员名"形式；选项 C 和 D 相当于利用指针来引用。常用形式为"结构体指针变量->成员名"或"(*结构体指针变量).成员名"，所以选项 A、C 和 D 都是正确的。而对于选项 B，访问 age 成员，成员运算符"."前应该是结构体类型变量，而不能是结构体指针变量，故选项 B 非法。

例 10.4 以下程序的输出是(　　)。

A. 32　　B. 16　　C. 8　　D. 24

```
typedef   union { long   x[2];
                  short    y[4];
                  char   z[8];
```

```
        }MYTYPE;
MYTYPE   them;
main()
    {   printf("%d\n",sizeof(them)); }
```

解：对于共用体变量，用 sizeof 求其数据类型长度时，返回的是变量中长度最长的成员所占的存储字节数。此题中，共用体变量 them 3 个成员的长度均为 8，所以返回的值为 8。答案是 C。

如果这里是结构体而非共用体，则 sizeof 返回的值应为 24。

例 10.5　以下对共用体类型的叙述中正确的是(　　)。

A. 可以对共用体变量名直接赋值。

B. 不可以用共用体类型的指针变量作为函数的参数。

C. 一个共用体变量中不能同时存放其所有成员的值。

D. 共用体类型的成员不可以是结构体类型，但结构体类型的成员可以是共用体。

解：C 语言规定不能对共用体变量名赋值，也不能通过直接引用变量名得到成员项的值，更不允许在定义共用体变量时对其初始化，所以 A 不正确。共用体类型的一般变量不可用作函数参数，但其指针可以作为函数参数，因此 B 也不正确。共用体类型成员可以是结构体类型，结构体类型的成员也可以是共用体类型，所以 D 也不正确。只有 C 是正确的。故答案选 C。

例 10.6　若有以下结构体变量定义，且变量 a 和 b 之间已有如图 1-10-1 所示的链表结构。

```
struct   node
  {int   data
   struct node     *next;
  }a,b,c,*p,*q;
```

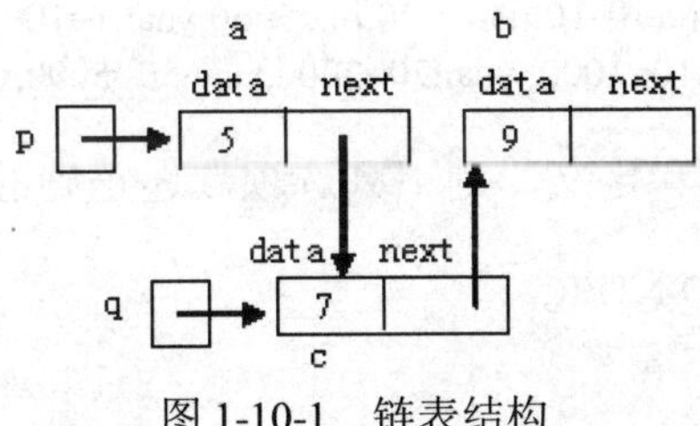

图 1-10-1　链表结构

指针 p 指向变量 a，q 指向变量 c，则能够把 c 插入到 a 和 b 之间并形成新链表的语句组为(　　)。

A. a.next=c.next　　　　　　　　　　B. p.next=q;q.next=p.next;

C. p->next=&c;q->next=p->next;　　　D. (*p).next=q;(*q).next=&b;

解：要将节点 c 插入到节点 a 与节点 b 之间，必须让节点 a 的指针域“a.next”指向节点 c，节点 c 的指针域“c.next”指向节点 b，即“a.next=&c; c.next=&b;”，注意指针 p 指向节点 a，指针 q 指向节点 c。因此，“(*p).next=q;(*q).next=&b;”和“a.next=&c;c.next=&b;”是等价的。故答案是 D。

例 10.7　下面程序用来建立包含 10 个节点的链表，请将程序补充完整。

```
#include<stdlib.h>
#include<stdio.h>
#define LEN   sizeof(struct   parts)
 struct parts
   {char   pname[20];
    int   wnum;
    ___(1)___;
   };
main( )
{   struct parts   *head ,*p;   int   i;    head=NULL;
     for(i=0;i<10;i++)
       {  p=___(2)___;
          gets(p->pname);   scanf("%d",&p->wnum);
          p->next=head;
          head=p;
       }
}
```

解：程序的目的之一是要建立链表，所以定义结构体时必须定义一个指向该结构体的指针，再考虑到后面的程序用 next 来引用节点的后继，故第一个空应填“struct parts　*next;”。

在 for 循环语句中，可以看到 scanf 语句，它用来给指定的地址赋值，而在&后面是“p->pname”，说明此时的 p 已经指向一个结构体，并有一定的内存空间。而只有能够让它具有此功能。

故答案是：(1) struct parts *next　　(2) (struct parts*)malloc(LEN)

例 10.8　定义枚举类型 money，用枚举常量代表人民币的面值。包括 5 分；1、2、5 角；1、2、5、10、20、50、100 元。

解：该问题只需合理分配枚举常量的值即可。下面是枚举类型 enum money 的定义。

```
enum   money{fen5=5,jiao1=10,jiao2=20,jiao5=50,yuan1=100,yuan2=200,
        yuan5=500,yuan10=1000, yuan20=2000,yuan50=5000,yuan100=10000};
```

例 10.9　若有以下说明和定义，则下列选项叙述正确的是(　　)。

```
typedef   int   *INT_POINTER;
       INT_POINTER p,*q;
```

A. 程序中可以用 INT_POINTER 代替 int　　B. p 是基类型为 int 的指针变量

C. q 是基类型为 int 的指针变量　　D. p 是 int 型变量

解：语句“typedef　int　*INT_POINTER;”说明 INT_POINTER 是基类型 int 的指针定义符，则定义语句“INT_POINTER　p,*q;”，定义 p 是基类型为 int 的指针变量(相当于定义语句“int　*p;”)，q 为基类型 int 的二级指针变量(相当于定义语句“int　**q;”)。故答案是 B。

例 10.10　下述程序的运行结果是(　　)。

```
#include <stdio.h>
union ex
```

```
  { int i;
    char ch[2];
  };
  main()
  { union ex r;
    r.ch[0]=10;
    r.ch[1]=1;
    printf("%d",r.i);
  }
```

A. 266　　B. 11　　C. 265　　D. 不能引用

解：此题考查共用体特征。int 类型变量 i 和字符数组 ch 共用二字节单元，通常，数组元素的存放按地址由低到高的原则存放，在以 int 数值读取时，以按“高字节作为高位，低字节作为低位”的方式处理。因此，r.i=r.ch[1]*256+r.ch[0]=266，故选 A。

10.4　习　　题

10.4.1　单项选择题

1. 共用体变量定义为“union data{char ch;int x;}a;”，以下语句正确的是(　　)。

   A. a.ch= 'x';a=10;　　B. a= 'x',10;

   C. a.x=10;a.ch= 'x';　　D. a= 'x';

2. 共用体变量定义为“union data{char ch;int x;}a;”，则下列不正确的语句是(　　)。

   A. a={'x',10};　　B. a.x=10; a.x++;

   C. a.ch= 'x'; a.ch++;　　D. a.x=10; a.ch= 'x';

3. 已知定义“int *p;”，使用“p=______malloc(sizeof(int));”语句动态申请存储单元，应当使用(　　)。

   A. (int *)　　B. int *　　C. (* int)　　D. (void *)

4. 以下语句中，错误的是(　　)。

   A. struct staffer{ long int code;　float　salary;} one;

   B. struct staffer{ long int code;　float　salary;}　staffer　one;

   C. typedef　struct { long int code ; float　salary;} STAFFER;

   D. struct { long int code; float salary; }one;

5. 定义结构体变量“struct { long int num;　float　aver;} term;”，下列输入形式中正确的是(　　)。

   A. scanf("%ld%f",term);

   B. scanf("%ld%f",&term);

   C. scanf("%ld%f",term.num,term.aver);

   D. scanf("%ld%f",&term.num,&term.aver);

6. 有如下结构体类型的声明，则(　　)。

(1) struct　mm{ int x,y;　struct mm　bl;};

(2) struct　mm{int x,y;　struct mm　*p;};

A. (1)正确，(2)不正确　　B. (1)(2)都正确

C. (1)不正确，(2)正确　　D. (1)(2)都不正确

7. 某结构体变量定义如下，对此结构体变量中的成员引用，正确的是(　　)。

```
struct {int a; char c;} bl,*p;   p=&bl;
```

A. bl->a　　B. p->c　　C. p.c　　D. *p.a

8. 下面定义中，对成员变量 x 的引用形式正确的是(　　)。

```
struct   mm{int x,y;};      struct   aa{char c; struct mm zb;} bl;
```

A. bl.zb.x　　B. bl.x　　C. bl.mm.x　　D. zb.x

9. 下列有关 typedef 的说法中，正确的是(　　)。

A. typedef 可以用来定义新的数据类型

B. 用 typedef 既可以声明新的类型名，又可以定义变量

C. 用 typedef 不能定义新的数据类型，但可以定义变量

D. typedef 只用来声明新的类型名，不产生新的数据类型，也不可以定义变量

10. 下列关于枚举类型的说法，错误的是(　　)。

A. 枚举类型中的枚举元素是常量

B. 一个整数不能直接赋给一个枚举变量，必须进行强制类型转换

C. 枚举类型中枚举元素的值按定义时的顺序分别是 0、1、2……但可以在定义时指定为其他值

D. 枚举类型的变量之间以及枚举类型的变量与枚举元素之间可以作判断比较

11. 下列有关链表的说法中错误的是(　　)。

A. 建立链表时，用 malloc 分配的内存是一片连续空间

B. 对链表中的每个节点既可以顺序访问，也可以随机访问

C. 结构体类型作为单向链表的节点，则每个节点中至少要有一个指针类型成员，用来存放下一个节点的地址

D. 与数组相比较，链表的优点是可以根据需要开辟内存单元，不会浪费内存

12. 设有如下程序段，则下列说法中正确的是(　　)。

```
enum   week{Mon,Tue,Wed,Thu,Fri,Sat,Sun};
enum   week day;
scanf("%d",&day);
if (day==Sat||day==Sun) printf("It is a holiday! (%d)\n",day);
```

A. 此程序段的 scanf 语句不正确

B. 此程序段的 if 语句不正确

C. 此程序段正确，当输入为 5 时，输出为 It is a holiday! (Sat)

D. 此程序段正确，当输入为 5 时，输出为 It is a holiday!(5)

13. 以下说法中错误的是(　　)。

A. 为了将一个结构体变量的值传递给另一个函数，可以用该结构体变量做实参，形参也必须是同类型的结构体变量；还可用指向该结构体变量的指针做实参

B. 若 malloc 或 calloc 函数执行成功，则函数返回一个指向分配域起始地址的指针，否则返回空指针(NULL)

C. 若想删除链表中的某个节点，不但要撤销它与其他节点的链接关系，而且还必须把它从内存中抹掉

D. 枚举元素 a 作为常量，它的值对应一个整数，该整数可以用“printf("%d", a); ”输出

14. 设有如下变量定义“struct　boy{char num; int age; float score} tom;”，则以下语句错误的是(　　)。

A. scanf("%c,%d,%f",&tom);　　　　B. scanf("%c",&tom.num);

C. scanf("%d",&tom.age);　　　　D. scanf("%f",&tom.score);

15. 如下定义的变量 x 所占内存字节数是(　　)。

```
union uu{char st[4]; int i; long m;};
struct ss{int c; union uu d;}x;
```

A. 4　　　　B. 5　　　　C. 6　　　　D. 8

16. 下面程序的输出结果是(　　)。

A. 5　　　　B. 6　　　　C. 7　　　　D. 8

```
struct   xyz{int a，b，c；};
main()
{ struct xyz   s[2]={{1，2，3}，{4，5，6}}；  int t;
  t=s[0].a+s[1].b+ s[0].c-s[1].a;   printf("%d\n",t);   }
```

17. 有枚举类型 enum math {one=3，two=6，three}，则枚举常量 three 的值是(　　)。

A. 2　　　　B. 3　　　　C. 7　　　　D. 9

18. 若有如下定义，则叙述正确的是(　　)(设 short、long 的字节数分别为 2、4)。

```
struct Sample
{   short a;
    long b;
} a;
```

A. 结构体变量 a 与结构体成员 a 同名，故变量定义非法

B. 程序只有当执行到该定义时才为结构体类型 Sample 分配存储单元

C. 程序运行时为结构体变量 a 分配 6 字节的内存单元

D. 以上说法都是错误的

19. 如下程序的输出结果是(　　)。

```
#include <stdio.h>
union sa {char c[4]; short i[2]; long k;};
main()
{ union sa x,*p=&x;
   p->i[0]=0x39; p->i[1]=0x36;
   printf("%x\n",p->c[2]);
}
```

A. 39　　B. 38　　C. 37　　D. 36

20. 设有以下声明语句。

```
struct sa
  { int x;   float y;} ex;
```

则以下叙述不正确的是(　　)。

A. struct 是结构体类型关键字　　B. ex 是结构体类型名

C. x，y 是结构体成员名称　　D. struct sa 是结构类型名

10.4.2 填空题

1. 结构体变量_____(可以/不可以)在定义时赋初值，但共用体变量_____(可以/不可以)在定义时赋初值。

2. 结构体变量_____(可以/不可以)直接做函数的参数，但共用体变量_____(可以/不可以)直接做函数的参数。

3. 声明结构体类型为“struct　fx{char c;char s[20]; int m;};”，若要定义一个此类型的结构体变量 a，并将 a 的各成员初始化为 c 中存放'n'，s 中存放"person"，m 中存放 3，定义语句为______________________________。

4. 有结构体和共用体的变量定义如下。

```
struct   aa{ short a;   char c;   float x; }bl1;
union   bb{ short a;   char c;   float x; }bl2;
```

若 short 型变量占 2 字节，char 型变量占 1 字节，float 型变量占 4 字节，则变量 bl1 占用的内存空间的字节数为_______，bl2 占用的内存空间的字节数为_______。

5. 用 typedef 定义整型一维数组如下。

```
typedef   int[10]   ARR;
```

现使用新类型名 ARR 定义长度为 10 的数组 x,y,z 的定义语句为______________。

6. 如下程序段的输出结果为______________。

```
enum   month{Jan=1,Feb,Mar,Apr,May,Jun,Jul,Aug,Sep,Oct,Nov,Dec};
enum   month   mon1=Mar,mon2=Sep;
printf("%d,%d",mon1,mon2);
```

7. 如下程序段的输出结果为________。

```
union mm{char c;int k;}bb;
bb.c= 'a';   bb.k=66;
printf("%c",bb.c);
```

8. 在如下程序段中，若 short 型变量占 2 字节，float 型变量占 4 字节，char*型变量(指向字符型的指针变量)占 4 字节，则此程序段执行后的输出结果为________，为结构体变量 b1 分配的内存空间为________字节。

```
union   uu{ short   a;   float   x;};
struct   mm{char   *p;   union   uu   y;}b1;
bl.y.a=10; bl.p="student";
printf("%d",sizeof(struct mm));
```

9. 执行如下程序段。

```
struct   mm{int n; char p;} a[2]={20,'s',40, 't'};
struct   mm   *p=a;
```

(1) p->p 的值是____________。　　(2) (++p)->p 的值是__________。

(3) (++p)->n 的值是_________。　　(4) ++p->n 的值是 __________。

10. 如下程序段的输出结果为______________。

```
struct   coordinate{ int x,y; struct coordinate *next;}
point[4]={1,2,point+1,3,4,point+2,5,6,point+3,7,8,NULL};
struct   coordinate   *p=point;
printf("%d,%d\n",(*(++p)->next).x,++p[2].y);
```

11. 如下定义变量 a 后，sizeof(a)的值是______，sizeof(a.s)的值是_____ 。

```
struct   date{int day; int month; int year; union{int s1;float s2;}s;}a;
```

12. struct list 结构体类型用于实现一个单链表结构，含有 3 个成员 sp、next、data。sp 是指向一个字符指针，data 用来存放整数，next 是指向下一节点的指针，填空完成结构体类型说明。

```
struct list{char *sp;  ______;  ______;  };
```

13. 执行下列程序后，输出结果为__________。

```
main( )
{enum meiju{mj1=3， mj2=1， mj3};
 char *a[ ]={"AA"， "BB"， "CC"， "DD"};
 printf("%s%s%s\n", a[mj1], a[mj2], a[mj3]);
}
```

14. 函数 createlist 的作用是建立一个带头节点(为方便链表操作而添加的一个额外节点)的单链表，每次新节点都插在链表的末尾，该函数的返回值是链表的头指针，最后一个节点的 next 成员设为 NULL 作为链表结束标志，以读入字符*作为输入结束标志。填空完成程序。

```
        struct jiedian{char data;   struct jiedian * next;};
        ________ createlist( )
        { struct jiedian *h,*s,*r;   char ch;
          h=( struct jiedian *)malloc(sizeof(struct jiedian));//创建头节点
r=h;  ch=getchar( );
while(ch!='*')
        {s=( struct jiedian *)malloc(sizeof(struct jiedian));
         s->data=_________;     r->next=s;
          r=s;     ch= getchar( );
            }
         r->next=________ ;     return(h);
}
```

15. 填空完善函数 fun，其功能是把分数最高的学生学号放在数组 b 中(注意：分数高的学生可能不止一个，函数返回分数最高学生的人数)。

```
typedef   struct
      { char num[10];//学号
        int   s ;//分数
      }STREC;
      int fun (STREC *a, int *b, int n)
                    /*参数 a 是存放学生数据的数组首地址，/*
                    /*b 用于存放分数最高的学生学号，n 用于接收学生人数 */
      {int i,cnt=0,max=a[0].s;
       for(i=1;i<n;i++)
           if(___________)
                max=a[i].s;
       for(i=0;i<n;i++)
           if(max==a[i].s) _______________;
       return _______________;
    }
```

16. 非空单向链表的每个节点为“struct chj{int n; int score; struct chj * next;}”结构体类型。下面的函数根据每个节点的成员 n 的值进行计算，凡是成员 n 能被 3 整除的，其成员 score 值累加到 s1 上，否则累加到 s2 上，然后输出 s1 和 s2 的值。请在画线处填入正确的内容。

```
void print(struct chj * head)
{ struct chj *p ; int s1=0,s2=0; p=head;
   while (__________)
   {if (p->n%3==0) s1=s1+p->score;
    else   s2=s2+p->score;
    p=___________;
   }
   printf("%d\t%d\n",s1,s2);
}
```

17. 非空单向链表的每个节点为“struct link{int num; struct link *next;}”结构体类

型。下面的函数是比较各个节点的 num 成员的值，将最大的 num 值找出并打印，返回最大值所在节点的指针。函数的形参接收主调函数传递过来的链表头指针(最后一个成员的 next 值是 NULL)。请在画线处填入正确的内容。

```
struct link *max(struct link * head)
{struct link *p , *q ;   int m=head->num;   p=q=head;
 while(p!=NULL)
    {if (p->num>m) {q=p; m=p->num;}
     p=p->next;
     }
   printf("%d\n",_________);
   return(_________);
}
```

18. 非空单向链表的每个节点为“struct jilu{int num; struct jilu　*link;}”结构体类型，每个节点按成员 num 值的降序排列。下面的函数是往链表中插入一个新节点，插入后的链表仍然是按成员 num 值降序排列。函数的形参接收主调函数传递过来的链表头指针和新节点的指针(最后一个成员的 next 值是 NULL)。请在画线处填入正确的内容。

```
struct jilu   *charu(struct jilu *head, struct jilu *xin)
{ struct jilu   *p0,*p1,*p2 ;
   p1=head ; p0=xin;
   if (head==NULL)   {head=p0;_____________;}
   else
      while((p0->num<p1->num) && (p1->link!=NULL))
            {p2=p1; p1=p1->link;}
   if (p0->num>=p1->num)
         {if (head==p1) {p0->link=head; head=p0;}
          else {p2->link=p0; ________________;}
         }
   else   {________________; p0->link=NULL;}
   return(head);
}
```

19. 函数 fun 的功能是统计链表中节点的个数，其中 head 为指向第一个节点的指针(链表不带头节点)。请在画线处填入正确的内容。

```
struct link
   {char data ;
    struct link *next;
   };
int fun(struct link *head)
{struct link *p;
  int c;
  ______
  p=head;
  while(______)
  {   c++;
      p=________;
  }
```

```
    return c;
  }
```

20. 下面程序实现的功能是在已定义的考生链表中删除指定考生的节点。请按照程序功能填空。

```
struct student *delete ( struct student *head , long num ) ;
{ struct student *p1 , *p2;
  if ( head==NULL )
    { printf ("\n NULL List ! \n") ;
      return NULL;
    }
  p2=head ;
  while (( ________________ ) && (num != p2 -> num ) )
    { p1=p2 ; p2= p2 ->next ; }
  if ( num== p2 ->num )
   {   if ( p2==head ) head=p2 ->next ;
       else ______________ ;
       printf ("delete : % ld\n" , num );
       n=n-1;
   }
  else printf ("%ld not found ! \n", num ) ;
  return head;
}
```

10.4.3　阅读程序写结果题

1. #include "stdio.h"

```
main( )
{char   str[20];
  struct   data
    {int year,month,day;
    }today;
  struct   address
    {char name[30], street[40], city[20], state[2];
      unsigned   long int zip;
    }wang;
  printf("char: %d\t",sizeof(char));
 printf("int: %d\t",sizeof(int));
 printf("long: %d\t",sizeof(long));
 printf("float: %d\t",sizeof(float));
 printf("double: %d\n",sizeof(double));
 printf("str: %d\t",sizeof(str));
 printf("data: %d\t",sizeof(struct data));
 printf("wang: %d\t",sizeof(wang));
 }
```

2. # include"stdio.h"

```
struct jgt {int a; int b; } sz[2]={1, 3, 2, 7};
main( )
{printf ("%d\n",sz[0].b*sz[1].a); }
```

3.
```
# include "stdio.h"
    struct stu {int num;   char name[10];   int age; };
void   fun (struct stu *p)
  {printf("%s\n", (*p).name);   }
main()
  {struct stu   students[3]
    ={{0201, "Zhang",20},{0202, "Wang",19},{0203, "Zhao",18}};
   fun(students+2);
  }
```

4.
```
#include"stdio.h"
    struct tree {int x ; char *s; }t; /* t 是全局变量*/
    func (struct tree   t )
    {t.x=10;   t.s="computer";   printf("%d,%s\n",t.x,t.s);   return(0);
     }       /*这里的 t 是形参，局部变量，调用结束 t 就被释放。*/
     main()
      {t.x=1;   t.s="minicomputer";
       func(t);   printf("%d,%s\n",t.x,t.s);
       }
```

5.
```
#include "stdio.h"
    struct str1 {char c[5]; char *s; };
    main( )
    {struct str1   s1[2]={{ "ABCD", "EFGH"},{"IJK", "LMN"}};
     struct str2   {struct str1 sr; int d; }   s2={"OPQ", "RST", 32767};
     struct str1   *p[2];     p[0]=&s1[0];        p[1]=&s1[1];
     printf ("%s",++p[1]->s);
     printf ("%c",s2.sr.c[2]);
    }
```

6.
```
#include<stdio.h>
     main()
      {union   {long i; int   k; char   ii; char   s[4]; } mix;
       mix.i=0x12345678;   printf("mix.i=%lx\n",mix.i);
       printf("mix.k=%x\n",mix.k); printf("mix.ii=%x\n",mix.ii);
       printf("mix.s[0]=%x\ t mix.s[1]=%x\n",mix.s[0],mix.s[1]);
       printf("mix.s[2]=%x\ t mix.s[3]=%x\n",mix.s[2],mix.s[3]);
      }
```

7.
```
#include"stdio.h"
  main()
  {union   {char c; int i; }t;
   t.c='A';   t.i=1;   printf("%d,%d",t.c,t.i);
  }
```

8.
```
#include "stdio.h"
  main()
  {union   { long k1; int k2; char k3; char k4[4]; } m;  char *p;
   m.k1=0x41424344;   p=(char)&m.k1;
   printf("%c, %c, %c, %c \n", *p, *(p+1), *(p+2), *(p+3));
   printf("%lx\n", m.k1);
   printf("%x, %c\n", m.k2, m.k2);
```

```
  printf("%x, %c\n", m.k3, m.k3);
  printf("%c, %c, %c, %c", m.k4[0], m.k4[1], m.k4[2], m.k4[3]);
}
```

9. #include"stdio.h"

```
main()
{sturct date   {int year; month; day; } today;
 union {long   i; int   k; char   ii; }mix;
 printf("date：%d\t", sizeof(struct date));
 printf("mix：%d\n", sizeof(mix));
}
```

10. #include"stdio.h"

```
struct   nc {int   x;   char   c; };
main()
{struct   nc   a={6, 'U'};
 func(a.x , a.c);     printf("%d, %c", a.x , a.c);
}
func(int m , char c)
{ int k;   for(k=1; k<=m; k++)   printf("%c", c+32);     printf("\n");}
```

11. main()

```
  { struct   str1
      {char c[4],*s;
      } s1={"abc","def"};
    struct   str2
      {char   *cp;
       struct   str1   ss1;
      } s2={"ghi", {"jkl","mno"}};
  printf("%c%c\n",s1.c[0],*s1.s);     printf("%s%s\n",s1.c,s1.s);
  printf("%s%s\n",s2.cp,s2.ss1.s); printf("%s%s\n",++s2.cp,++s2.ss1.s);
  }
```

12. 链表的节点为 struct str{ int k; char c; float t; struct str *next;}结构体类型。传递给函数 opert 的实参是有 5 个节点的链表的头指针(最后一个节点的 next 成员值为 NULL)，该链表的各节点的数据部分为{12,'A',6}, {7, 'B',9}, {36, 'C',13}, {25, 'D',3}, {21, 'E',8}。写出函数 opert 的运行结果。

```
opert (struct   str *h)
  {struct str *p ;   p=h;     float sum=0;
    if (h!=NULL)
      do {if   (p->k%3==0)   printf("%c, %f \t", p->c , p->t);
          else sum=sum+p->c+p->t;
          p=p->next;
        }while (p!=NULL);
    printf("sum=%f\n", sum);
  }
```

13. 链表的节点为 struct op{char c; int k; struct op *next;}结构体类型。传递给函数 find 的实参是有 5 个节点的链表的头指针(最后一个节点的 next 成员值为 NULL)，该链表的各节点的数据部分为{'a',65}，{'u',97}，{'s',83}，{'f',93}，{'b',78}。写出函数 find 的运行结果。

```
find (struct  op *head)
 {struct op *p ;  p=head;
  if (head!=NULL)
    while (p!=NULL)
    {if ((*p).c=='a'||(*p).c=='f')  printf("%d \t", (*p).k);
     p=p->next; }
  }
```

14.
```
# include <stdio.h>
typedef struct str1 {char c[5];  char *s; } st;
main( )
{st s1[2]={{"ABCD", "EFGH"},{"IJK", "LMN"}};
 struct str2  {st sr;   int d; } s2={"OPQ", "RST", 32767};
 st *p[2];  p[0]=&s1[0];  p[1]=&s1[1];
 printf("%c\t", p[0]->c[1]);       printf("%s\t",(++p[0])->s);
 printf("%c\t",s2.sr.c[2]);        printf("%d\t",s2.d+1);
}
```

15.
```
struct stud {int a; int *t;} u[4],*p;
main( )
{int k=1, m; printf("\n");
 for (m=0; m<4; m++)
    {u[m].a=k;  u[m].t=&u[m].a;  k=k+2;}
 p=&u[0];  p++;
printf("%d, %d\n",(++p)->a, (p++)->a);
}
```

16.
```
union  inks {int a;int b;};
union  inks  sm[4], *p;
main( )
{ int k, n=1;
for (k=0; k<4; k++)
   {sm[k].a=n; sm[k].b=sm[k].a+1; n=n+2; }
p=&sm[0];  printf("%d, ", p->a);  printf("%d", ++p->a);
}
```

17.
```
main( )
{ union  exp{ struct {int x ; int y ;}sa;
  int a1;  int a2;}ave;
  ave.a1=1 ; ave.a2=2 ;
  ave.sa.x=ave.a1*ave.a2;  /*执行此语句后，ave.a1 和 ave.a2 值都是 4*/
  ave.sa.y=ave.a1+ave.a2;
  printf("%d , %d\n", ave.sa.x , ave.sa.y);
}
```

18.
```
struct wei {char low ; char high;}
main( )
{ union gong {struct wei kite; int word;} gy;
 gy.word=0x5678;
 printf("word is:%04x\t",gy.word);
```

```
    printf("high is:%02x\t",gy.kite.high);
    printf("low is:%02x\t",gy.kite.low);
    gy.kite.low=0x23; printf("word is:%04x\n",gy.word);
  }
```

19.
```
enum   color {red, yellow, green, blue , white, black};
char *name[6]=
  {"red", "yellow", "green", "blue", "white", "black"};
main( )
{enum   color co1 ,co2;
   co1= green; co2= black;
   printf("%d , %d ,\t" , co1 , co2);
   printf("%s , %s\n" , name[co1] , name[co2]);
  }
```

20.
```
#include <stdio.h>
  struct sample
     { int a;   int *b; }s[4],*p;
  main()
  { int n=1,i;
     printf("\n");
     for(i=0;i<4;i++)
     { s[i].a=n;
        s[i].b=&s[i].a;
        n=n+2;
     }
     p=&s[0];
     p++;
     printf("%d,%d\n", p->a,*(++p)->b);
  }
```

10.4.4 编写程序题

1. 有100种商品的数据记录，每个记录包括“商品编号”、“商品名”、“单价”和“数量”。请用结构体数组实现每种商品总价(商品总价=单价×数量)的计算。

2. 有若干个学生的数据，每个学生的数据包括“学号”、“姓名”和3门功课的成绩。请计算每个学生3门功课的平均成绩，然后输出每个学生的数据(包括平均成绩)。

3. 有若干个学生的数据，每个学生的数据包括“学号”、“姓名”和3门功课的成绩。请用结构体数组和结构体指针变量编程：输出成绩在60分以下的学生的“学号”及“姓名”(只要有一门功课成绩低于60分者都在其列)。

4. N个人(按顺序从1到N进行编号)围成一圈，从第1个人开始顺序报号1、2、3、……、M，凡报到M者退出圈子；然后留在圈子里的人从下一个开始继续顺序报号1、2、3、……、M，报到M者又退出圈子；如此继续，直到圈子里只有一个人，编程输出此人的编号。

5. 建立一个链表，每个节点包括名称、数量(值不小于0)。输入一个数量值，将与此数量值相同的节点都从链表中删除。

6. 编写一个函数，将unsigned long型整数的前2字节和后2字节分别作为两个unsigned

int 型整数输出(每个 unsigned int 型整数占 2 字节)。

7. 创建一个链表，每个节点包括数据域和指针域，其中数据域类型为整型。

8. 编写一个函数用于连接两个链表，函数原型为 struct list * con_list(struct list * h1, struct list* h2)，实现将链表 h2 链接在链表 h1 的尾部，其中 h1、h2 分别是两个链表的头指针。

9. 已知链表的节点结构为“struct node { int num; struct node *link;};”。现有两个链表，其节点分别按 num 从小到大的顺序排列，编写一个函数用于合并这两个链表，要求合并后的链表节点仍按 num 从小到大的顺序排列。函数返回合并后的链表的头指针，函数的两个形参用于接收合并前的链表头指针。

10. 设链表节点定义为“struct node { char ch; struct node *link;};”。编写一个函数 struct node * create_list(char *str)，用于实现根据由参数 str 指定的字符串建立一个单链表，要求链表中字符的存放顺序是原字符串 str 的逆序。

11. 现有学生数据需要处理，已知学生人数不超过 100 人，学生数据包含学号(num)、姓名(name)及英语(english)、数学(math)、计算机(computer)三门课成绩以及总分成绩(total)。编程实现通过键盘输入除总分以外的其他学生信息，统计每个学生的总分和全部学生的总平均分，然后按学生的总分对所有学生信息进行降序排序：如果学生总分相同，则按学号从小到大的顺序排序。要求把所有学生数据放在一个结构体数组中。

12. 需要处理的问题同第 11 题，现要求用一个单链表的形式存储所有数据，请编程实现。

10.5　习题参考答案

10.5.1　单项选择题答案

1. C	2. A	3. A	4. B	5. D	6. C	7. B	8. A	9. D	10. B
11. B	12. D	13. C	14. A	15. D	16. A	17. C	18. C	19. D	20. B

10.5.2　填空题答案

1. 可以　不可以	2. 可以　不可以
3. struct fx a={'n', "person",3};	4. 7　4
5. ARR x,y,z;	6. 3, 9
7. B	8. 8　8
9. s　t　40　21	10. 5　7
11. 16　4	12. struct list next　int data(或颠倒顺序)
13. DDBBCC	14. struct jiedian *　ch　NULL
15. a[i].s>max,b[cnt++]=a[i].num, cnt	

16. p!=NULL, p->next

17. m　　q

18. p0->link=NULL　　p0->link=p1,　　p1->link=p0

19. c=0;　　p!=NULL　　p->next　　20. p2!=NULL　　p1->link=p2->link

10.5.3 阅读程序写结果题答案

1. char : 1　　int:　2　　long: 4　　float: 4　double: 8

str : 20　　date: 6　　wang: 96

2. 6　　　　3.　Zhao

4. 10,computer

1, minicomputer (变量作参数，值传递，单向的，不能改变全局变量 t 的值)

5. MNQ

6. mix.i=12345678

mix.k=5678

mix.ii=78

mix.s[0]=78　　mix.s[1]=56

mix.s[2]=34　　mix.s[3]=12

7. 1,1

8. D,C,B,A

41424344

4344,D

44,D

D,C,B,A

9. date:6　　mix:4

10. uuuuuu

6, U

11. ad

abcdef

ghimno

hino

12. A，6　　C，13　　E，8　　sum=146

13. 65　　93

14. B　　LMN　　Q　　-32768

15. 7,3(执行“printf("%d,%d\n",(++p)->a,(p++)->a);”时，对(++p)->a,(p++)->a 部分，是从右向左计算。即先计算(p++)->a，值为 3，再计算(++p)->a，值为 7。)

16.　2,3

17.　4,8

18. word is :5678　　high is :56　　low is :78　　word is :5623

19. 2,5,　green, black　　　20. 5,5

10.5.4　编写程序题参考答案

1.
```
#define   N   100
struct   sp {char snum[20]; char sname[20]; float price; int total; float sum; };
main( )
{struct   sp a[N];   int i;
 for (i=0 ; i<N; i++)
   {scanf("%s", a[i].snum);     scanf("%s", a[i].sname);
    scanf("%f", &a[i].price); scanf("%d", &a[i].total);
    a[i].sum=a[i].price*a[i].total;
   }
 for (i=0 ; i<N; i++)
    printf("%s,%s,%f,%d,%f\n", a[i].snum, a[i].sname, a[i].price, a[i].total, a[i].sum);
}
```

2.
```
# define   M   5                  /*不妨设有 M 个学生*/
  struct stud {char num[5]; char name[10]; int score[3]; float aver }
  main( )
  {int   i，j，k；  struct stud   s[M];
   for (i=0 ; i<M; i++)
      {scanf("%s", s[i].num);     scanf("%s", s[i].name);
       k=0;
  for(j=0; j<=2; j++)
     {scanf("%d", &s[i].score[j]);   k=k+s[i].score[j];}
      s[i].aver=k/3.0 ;
      }
   for (i=0 ; i<M; i++)
      {printf("%5s%12s", s[i].num, s[i].name);
       for (j=0; j<=2; j++)   printf("%6d", s[i].score[j]);
       printf("%7.2f ",  s[i].aver);
       printf("\n");
      }
  }
```

3.
```
# define   M   40                 /*设有 M 个学生*/
  struct stud {char name[10]; int num; int score[3]; }
  main( )
  {int   i,j,k ;   struct stud   s[M],*p;
   for (p=s,i=0 ; i<M; i++,p++)
      { scanf("%s", (*p).name);scanf("%d", &(*p).num);
        for(j=0; j<=2; j++)
           scanf("%d", &(*p).score[j]);
      }
   for (p=s,i=0 ; i<M; i++,p++)
      for (j=0; j<=2; j++)
         if (p->score[j]<60)
           { printf("%d,%s\n", p->num, p->name);break;}
  }
```

4.
```
#define  N  13   /*不妨设 N 为 13*/
#define  M  3    /*不妨设 M 为 3*/
struct per{int num; int next;} shu[N+1];
main( )
{int  i, count=0, h ;
 for (i=1; i<=N-1; i++)
    {shu[i].num=i;        /*第 i 个人的编号*/
     shu[i].next=i+1;   /*第 i 个人后面的人的编号*/
    }
 shu[N].num=N; shu[N].next=1; /*编号为 N 的人后面的人是编号为 1 的人*/
 h=N;
 while (count<N-1)
  {i=0;
   while(i!=M)     /*顺序报号，报到 M 时，报号为 M 者从圈里退出*/
     {h=shu[h].next;
      if (shu[h].num!=0)   i++;
     }
   printf("%5d", shu[h].num); /*打印从圈里退出的人的编号*/
   shu[h].num=0; /*凡从圈里退出的人，编号变为 0*/
   count++;
  }
for (i=1; i<=N; i++)       /*最后留在圈子里的人的编号不等于 0*/
  if (shu[i].num!=0)
     printf("%5d", shu[h].num); /*打印最后留在圈子里的人的编号*/
}
```

5.
```
struct cailiao
    {char name[8]; int shu; struct cailiao * next;};
struct cailiao   *creat( )
{ struct cailiao   *head, *p1, *p2 ;
   p1=p2=( struct cailiao *)malloc(sizeof(struct cailiao));
   scanf("%s", p1->name); scanf("%d", &p1->shu);
   head=p1;
   while (p1->shu>=0 )   /*若输入的值小于 0，则建立链表结束*/
     {p1=( struct cailiao *)malloc(sizeof(struct cailiao));
      scanf("%s", p1->name); scanf("%d", &p1->shu);
      p2->next=p1;
      p2=p1;
     }
   p2->next=NULL;
   return(head);
 }
struct cailiao *dele(struct cailiao   *head,int slg)
{ struct cailiao   *p1,*p2;
   p1=head ;    p2=p1;
   do
    { if (slg==p1->shu)
        {if (p1==head)
           {head=p1->next; p1=p1->next; p2=head;}
         else {p2->next=p1->next;p1=p1->next;}
        }
      else {p2=p1;p1=p1->next ;}
```

```
    }while(p1!=NULL);
  return(head);
 }
 main()
 {struct cailiao   *head ; int ss;
  head=creat();
  scanf("%d", &ss);
  dele(head,ss);
 }
```

6.

```
void   han(unsigned long k)
        {union term{ unsigned   int   fen[2] ; unsigned   long   w ;} num, *p;
         p=&num ;   num.w=k;
         printf("long int is %lx\n", k);
         printf("low part num is : %0x \n", p->fen[0] );
         printf("high part num is : %0x \n", p->fen[1] );
     }
     main()
    { unsigned long u;
      u=0x23456789;   han(u);
    }
```

7.

```
#define    M    5                    /*不妨设节点数为 M*/
#include "stdlib.h"
#include "stdio.h"
struct list { int data; struct list *next; };
typedef   struct list   node;
typedef   node   *link;
main()
{ link ptr,head;   int num,i;
 ptr=(link)malloc(sizeof(node));
 head=ptr;
 printf("请输入每个节点的数据==>\n");
 for(i=0;i<=M;i++)
    {scanf("%d",&num);    ptr->data=num;
     ptr->next=(link)malloc(sizeof(node));
     if(i==M)   ptr->next=NULL;
     else   ptr=ptr->next;
    }
 ptr=head;
 while(ptr!=NULL)
    { printf("节点值==>%d\n",ptr->data);
     ptr=ptr->next;
    }
 }
```

8.

```
 #include "stdlib.h"
#include "stdio.h"
struct list{ int data; struct list *next; };
struct list *con_list(struct link * h1,struct link * h2)
{ struct list * tmp;
  tmp=h1;
```

```
  while(tmp->next) tmp=tmp->next;
   tmp->next=h2;
   return(h1);
 }
```

9. struct node * merge_list(struct node *h1,struct node *h2)

```
{ struct node * p,*q, *r ;
 p=h1;q=h2;r=h1;
 while(p!=NULL && q!=NULL)
    {if (p->num<=q->num)
        {if (r!=h1)    r->link=p;
         r=p;
         p=p->link;
        }
     else
        { r->link=q; r=q; q=q->link; }
    }
 if (p==NULL)    r->link=q;
 else    r->link=p;
 return(h1);
}
```

10. struct node *create_list(char *str)

```
{ struct node *head,*p;
 head= NULL;
 while(*str!= '\0')
   { if (head==NULL)
       {head=(struct node *) malloc(sizeof(struct node));
        head->ch=*str;
        head->link=NULL;
       }
     else
       {p=(struct node *)malloc(sizeof(struct node));
        p->ch=*str;
        p->link=head;
        head=p;
       }
     str++;
   }
 return head;
}
```

11. #define N 100

```
 #include <stdio.h>
 #include <malloc.h>
 struct student
   {unsigned long num;
    char name[20];
    float english,math,computer;
    float total;
   };
void sort_by_total(struct student *stu,int n)
```

```
    {struct student temp;
     int i,j;
     for(i=1;i<n;i++)
        {temp=stu[i];
         for(j=i-1;j>=0;j--)
            {if (temp.total >stu[j].total||temp.total==stu[j].total&&temp.num<stu[j].num)
                stu[j+1]=stu[j];
             else   break;
            }
         stu[j+1]=temp;
        }
    }
int main()
 {struct Student stu[N];
  int n,i;//n 表示实际学生数，由键盘输入
  float aver=0.0;
  printf("the number of student:");
  scanf("%d",&n);
  for(i=0;i<n;i++)
     {printf("input student data of %d:\n",i+1);
      scanf("%ld",&stu[i].num);
      scanf("%s",stu[i].name);
      scanf("%f,%f,%f",&stu[i].english,&stu[i].math,&stu[i].computer);
      stu[i].total=stu[i].english+stu[i].math+stu[i].computer;
      aver=aver+stu[i].total;
     }
     aver/=n;
     sort_by_total(stu,n);
     printf("---the scores of students(sorted by total descendly)---\n");
     printf("\tNumber\tName\tEnglish\tMath\tComputer\tTotal\n");
     for(i=0;i<n;i++)
         printf("\t%ld\t%s\t%.2f\t%.2f\t%.2f\t%.2f\n",stu[i].num,stu[i].name,
                 stu[i].english,stu[i].math,stu[i].computer,stu[i].total);
     printf("the total average score:%.2f\n",aver);
     return 0;
  }
```

12.
```
   #include <stdio.h>
   #include <malloc.h>
   struct Student
      {unsigned long num;
       char name[20];
       float english,math,computer;
       float total;
       struct Student *link;
      };
  struct Student* sort_by_total(struct Student *head)
   {struct Student *temp,*p,*q,*pre;
    if (head==NULL)   return NULL;
    p=head->link;
    head->link=NULL;
    while(p)
```

```
{q=head;pre=NULL;
    while(q!=NULL&&(p->total<q->total||p->total==q->total&&p->num>q->num))
        {pre=q; q=q->link; }
    temp=p->link;
    if (q==NULL)
        {p->link=q;   pre->link=p; }
    else
      {if (pre==NULL)
          {p->link=head;   head=p; }
       else
          {pre->link=p;   p->link=q; }
      }
     p=temp;
    }
  return head;
 }
int main()
{struct student *stu,*head,*r,*p,*head1;
 int n,i;  /*n 表示实际学生数，由键盘输入*/
 float aver=0.0;
 printf("the number of student:");
 scanf("%d",&n);
 head=r=NULL;
 for(i=0;i<n;i++)
    {stu=(struct Student*)malloc(sizeof(struct Student));
     printf("input student data of %d:\n",i+1);
     scanf("%ld",&stu->num);
     scanf("%s",stu->name);
     scanf("%f,%f,%f",&stu->english,&stu->math,&stu->computer);
     stu->total=stu->english+stu->math+stu->computer;
     aver=aver+stu->total;
     stu->link=NULL;
     if(head==NULL)
         {head=stu; r=stu; }
     else
         {r->link=stu; r=stu; }
     }
 aver/=n;
 head1=sort_by_total(head);
 printf("---the scores of students(sorted by total descendly)--- \n");
 printf("\tNumber\tName\tEnglish\tMath\tComputer\tTotal\n");
 p=head1;
 for (;p!=NULL;p=p->link)
     printf("\t%ld\t%s\t%.2f\t%.2f\t%.2f\t%.2f\n",p->num,p->name,
                p->english,p->math,p->computer,p->total);
 printf("the total average score:%.2f\n",aver);
 return 0;
}
```

第11章　位　运　算

11.1　本 章 要 点

11.1.1　位运算符和位运算

位运算是C语言的一种特殊运算功能，它是以二进制位为单位进行运算的。位运算符只有逻辑运算和移位运算两种，共有如表1-11-1所示的6种位运算符。

表1-11-1　位运算符

<table>
<tr><th>操作符</th><th>&</th><th>|</th><th>^</th><th>~</th><th><<</th><th>>></th></tr>
<tr><td>作用</td><td>按位与</td><td>按位或</td><td>按位异或</td><td>取反</td><td>左移</td><td>右移</td></tr>
</table>

1. 按位与运算

按位与运算符(&)是双目运算符。其功能是参与运算的两数各对应的二进制位相与，只有对应的两个二进制位均为1时，结果位才为1，否则为0。参与运算的数以补码形式出现。

例如，9&5的算式如下。

```
    0000 0000 00001001      (9的二进制补码)
&   0000 0000 00000101      (5的二进制补码)
------------------------
    0000 0000 00000001      (1的二进制补码)
```

由此可见，9&5−1。

按位与运算通常用来对某些位清0或保留某些位。例如，把a的高8位清0，保留低8位，可进行a&255运算(因为255的二进制数为0000000011111111)。

2. 按位或运算

按位或运算符(|)是双目运算符。其功能是参与运算的两数各对应的二进制位相或。只有对应的两个二进制位均为0时，结果位才为0，否则为1。参与运算的数以补码形式出现。

例如，9|5的算式如下。

```
    0000 0000 00001001      (9的二进制补码)
|   0000 0000 00000101      (5的二进制补码)
------------------------
    0000 0000 00001101      (13的二进制补码)
```

由此可见，9|5=13。

3. 按位异或运算

按位异或运算符(^)是双目运算符。其功能是参与运算的两数各对应的二进制位相异或，当两对应的二进制位相异或时，结果为 1，否则为 0。参与运算的数以补码形式出现。例如，9^5 的结果为 0000000000001100(十进制为 12)。

4. 求反运算

求反运算符(~)为单目运算符，具有右结合性。其功能是对参与运算的数的各二进制位按位求反。例如，~9 即~(0000000000001001)，结果为 1111111111110110。

5. 左移运算

左移运算符(<<)是双目运算符。其功能是把<<左边的运算数的各二进制位全部左移若干位，由<<右边的数指定移动的位数，高位丢弃，低位补 0。例如，a<<4 是把 a 的各二进制位向左移动 4 位。若 a=3(十进制)，二进制为 0000000000000011，左移 4 位后为十进制 48，即二进制 0000000000110000。

需要注意的是：

左移比乘法运算快得多，有些 C 编译程序自动将乘以 2 的运算用左移一位来实现，将乘以 2n 的运算处理为左移 n 位。

6. 右移运算

右移运算符(>>)是双目运算符。其功能是把>>左边的运算数的各二进制位全部右移若干位，由>>右边的数指定移动的位数。例如，设 a=15(二进制 0000000000001111)，a>>2 表示把 a 右移 2 位，结果为 0000000000000011(十进制 3)。

需要注意的是：

当为正数时，最高位为 0；为负数时，最高位为 1。最高位是补 0 还是补 1 取决于编译系统的规定，Visual C++和 C-Free 以及 Turbo C 规定右移时负数最高位补 1，而正数最高位补 0。

7. 位运算与赋值运算

位运算符可以与赋值运算符一起组成复合赋值符，如&=、|=、^=、>>=、<<=等。例如，a&=b 相当于 a=a&b，其他依此类推。

需要注意的是：

利用位运算可以完成汇编语言的某些功能，如置位、位清零、移位等。

11.1.2　位运算的优先级

<<和>>的优先级低于算术运算符而高于关系运算符和逻辑运算符；&、|和^这 3 个运算符的优先级低于关系运算符而高于逻辑运算符；~是除圆括号以外优先级最高的运算符；

&的优先级高于^运算符；^的优先级高于|运算符。

11.1.3　位段

(1) 所谓位段是把一字节中的二进制位划分为几个不同的区域，并说明每个区域的位数，每个域有一个域名，允许在程序中按域名进行操作。

这样就可以把几个不同的对象用一字节的二进制位域来表示。位段在本质上也是结构体类型，不过它的成员是按二进制位分配内存，其定义、说明及使用的方式都与结构体相同，一般形式为位域变量名.位域名，位域允许用各种格式输出。

例如：struct　packed_data

```
    {unsigned    a : 2  ;
     unsigned    b : 6  ;
     unsigned    c : 4  ;
     unsigned    d : 4  ;
     int         i  ;
    }   data ;
```

其中 a、b、c、d 分别占 2 位、6 位、4 位、4 位，i 占 32 位。成员的引用方式为 data.a、data.b、data.c、data.d、data.i。

(2) 位段提供了一种手段，使得可以在高级语言中实现数据的压缩，节省了存储空间，同时也提高了程序的效率。

11.2　例 题 分 析

例 11.1　以下程序的运行结果是(　　)。

```
#include<stdio.h>
 main()
 {short a,b,c;
  a=14;b=23;c=a&b;   printf("%d&%d=%d\n",a,b,c);
  a=-12;b=6;c=a&b;   printf("%d&%d=%d\n",a,b,c);
 }
```

A. 14&23=6　　　B. 14&23=4　　　C. 14&23=8　　　D. 14&23=6
　－12&6=4　　　　－12&6=6　　　　－12&6=6　　　　－12&6=6

解：14 的补码为 0000000000001110，23 的补码为 0000000000010111，表达式 14&23 的结果为 6。－12 的补码为 1111111111110100，6 的补码为 0000000000000110，表达式－12&6 的结果为 4。故 A 为正确答案。

例 11.2　当从键盘上输入 10 和 35 后，下面程序的输出结果是什么？

```
main()
{unsigned   char   a,b;
 printf("enter two hex number : ");
```

```
    scanf("%x %x" ,&a,&b);    /*输入十六进制数*/
    printf("%x",a^b);
}
```

解：本程序先将接收数据当作十六进制方式处理。a^b 是按位异或运算，a 对应二进制数为 0001 0000，b 对应二进制数为 0011 0101。a^b 的结果为 0010 0101(十六进制数 25)，故答案为输出 25。

例 11.3　从键盘上输入一个十进制正整数(小于 32767)，统计该正整数所对应的二进制数中 1 的个数。

解：循环执行(1)、(2)。

(1) 测试该数的最右边的数码是否为 1，若是，则 1 的个数加 1；

(2) 该数右移 1 位。

程序代码如下。

```
main()
 {short   i,count=0,m;
  printf("请输入一个十进制整数：");   scanf("%d",&m);
  for(i=0;i<16;i++)
   { if((m&0x01)==1)    count++;
     m=m>>1;
   }
  printf("与该整数对应的二进制数中 1 的个数是%d",count);
  }
```

例 11.4　已知 unsigned short 型变量 a 占用 2 字节内存，请将 a 的第 k(k=0,1)字节中的数据取出，分别用十进制和十六进制显示。

解：可以用按位与运算将指定的一字节(8 位二进制)的数据取出。

方法是：找一个 unsigned short 型数 b=255，b 的二进制形式是 0000000011111111，即低八位都是 1，其他位是 0。让 b 与 a 做按位与运算可取出 a 的低 8 位，让 b 左移 8 位后与 a 做按位与运算可取出 a 的高八位。将取出的数据(8 位二进制)存在 unsigned char 型变量中，然后显示。

程序代码如下。

```
#include <stdio.h>
main()
{unsigned short   a,b=255,k; unsigned char num;
 printf("Input a number(unsigned int form):");
 scanf("%d",&a);
 printf("\n%d,%x\n",a,a);
 printf("Input byte number(0,1):");
 scanf("%d",&k);
 if (k==0) num=a&b;
 if (k==1) num=(a&(b<<8))>>8;
  printf("%d,%x\n",num,num);
  return 0;
}
```

11.3 习 题

11.3.1 单项选择题

1. 设 int b=2，则表达式(b>>2)/(b>>1)的值为(　　)。

A. 0　　B. 2　　C. 4　　D. 8

2. 设有整型变量 x，其值为 25，则表达式(x&20>>1)|(x>10 |7& x^33)的值为(　　)。

A. 35　　B. 41　　C. 11　　D. 3

3. 设有整型变量 x=10，则表达式(x&&1535)&(x|55&100)的值为(　　)。

A. 0　　B. 1　　C. 10　　D. 11

4. 设“int a=04,b;”则执行“b=a>>1;”语句后，b 的结果是(　　)。

A. 04　　B. 4　　C. 10　　D. 2

5. 设“int a=04,b;”则执行“b=a<<1;”语句后，b 的结果是(　　)。

A. 4　　B. 04　　C. 8　　D. 10

6. 设有如下语句，则 c 的二进制的值是(　　)。

```
char    a=3，b=6，c;
c=a^b<<1;
```

A. 00001111　　B. 00001010　　C. 00011100　　D. 00011000

7. 给出以下程序的执行结果。①(　　)②(　　)③(　　)④(　　)⑤(　　)

```
#include<stdio.h>
main()
{
int   a=11,b=10;
        a<<=b;printf("%d\n",a);          /*输出 ①*/
        a>>=b;printf("%d\n",a);          /*输出 ②*/
        a&=b;printf("%d\n",a);           /*输出 ③*/
        a|=b;printf("%d\n",a);           /*输出 ④*/
        a^=b;printf("%d\n",a);           /*输出 ⑤*/
}
```

① A. 256　　B. 512　　C. 11264　　D. 2048

② A. 1　　B. 0　　C. 10　　D. 11

③ A. 11　　B. 10　　C. 0　　D. 1

④ A. 11　　B. 10　　C. 1　　D. 21

⑤ A. 1　　B. 0　　C. 10　　D. 11

11.3.2 填空题

1. 设二进制数 a 是 00101101，若想通过异或运算 a^b 使 a 的高 4 位取反，低 4 位不变，则二进制数 b 应为________。

2. 位运算符________(能或不能)用于浮点数。

3. 在 C 语言中，&运算符用作__________运算和_________运算。

4. 已知 int　a=5，b=6，c=a&b；变量 c 的值是___________。

5. 已知 int　a=6，b=8，c=a|b；变量 c 的值是___________。

6. 已知 int　a=14，b=15，c=a^b；变量 c 的值是__________。

7. 已知 int　a=16，c=~a；变量 c 的值是___________。

8. 已知 int　a=16，c=a<<2；，变量 c 的值是___________。

9. 已知 int　a=16，c=a>>2；，变量 c 的值是___________。

10. 已知 int　x=707，表达式 x^x、x|x、~x^x 的值分别是______、______、_______。

11. 已知 int　x=0707，表达式~x&&x、!x&&x、x>>3&~0 的值分别是________、________、________。

12. C 语言允许在一个结构体中以位为单位来指定其成员所占内存长度，这种以位为单位的成员称为_________。

11.3.3　阅读程序写结果题

1.
```
#include "stdio.h"
main()
 { int a,b;   a=077;   b=a&3;
    printf("\40: The a & 3(decimal) is %d \n",b);
    b&=7;
    printf("\40: The b & 7(decimal) is %d \n",b);
 }
```

2.
```
#include "stdio.h"
main()
 {int a,b; a=077; b=a|3;
  printf("\40: The a | 3(decimal) is %d \n",b);
  b|=7;
  printf("\40: The b | 7(decimal) is %d \n",b);
 }
```

3.
```
#include "stdio.h"
main()
{ int a,b; a=077; b=a^3;
   printf("\40: The a^3 (decimal) is %d \n",b);
   b^=7;
   printf("\40: The b^7(decimal) is %d \n",b);
 }
```

4.
```
#include "stdio.h"
main()
 { int a,b; a=234; b=~a;
    printf("\40: The a's 1 complement(decimal) is %d \n",b);
    a=~a;
    printf("\40: The a's 1 complement(hexidecimal) is %x \n",a);
 }
```

5.
```
#include"stdio.h"
main()
{ unsigned a,b;
   printf("input a number: "); scanf("%d",&a);
   b=a>>5;   b=b&(15<<27);
   printf("a=%d\tb=%d\n",a,b);
}
```

任意输入 a 的值。

6.
```
main()
{ char a='a',b='b'; int p,c,d;
   p=a;   p=(p<<8)|b;   d=p&0xff;   c=(p&0xff00)>>8;
   printf("a=%d\t b=%d\t c=%d\t d=%d\n",a,b,c,d);
}
```

11.3.4 编写程序题

1. 取整数 a 从右端开始的 4~7 位。(注意：位号是从 0 开始的，右端开始是第 0 位，然后是第 1 位，第 2 位……)

2. 输入一个八进制整数 a(大于 0 且小于 77777)，将其二进制形式左边第 k 位数码取出，然后以八进制形式输出。例如，若 a=17325(二进制形式为 0001111011010101)，k=6，则取出来的是 1，以八进制形式输出 1；若 k=8，则取出来的是 0，以八进制形式输出 0。

3. 输入一个八进制整数 a(大于 0 且小于 77777)，将其二进制形式从左边第 k1 位到 k2 位之间的数码取出来，然后将这些数码按原位置关系组成的二进制数以八进制形式输出。例如，若 a=17325(二进制形式为 0001111011010101)，k1=6，k2=9，则取出来的是 1101，以八进制形式输出为 15。

4. 输入一个八进制无符号整数 a，再输入一个十进制整数 n(≥－16 且≤16)。n>0 时将 a 的二进制形式循环右移 n 位，n<0 时将 a 的二进制形式循环左移 n 位。例如，若输入 a 等于$(53267)_8$，则 a 的二进制形式为(0101011010110111)，若输入 n=3，循环右移后 a 变为(1110101011010110)，即八进制数(165326)；若输入 n=－4，循环左移后 a 变为(0110101101110101)，即八进制数(65565)。

11.4 习题参考答案

11.4.1 单项选择题答案

1. A	2. B	3. A	4. D	5. C	6.B
7. ① C	② D	③ B	④ B	⑤ B	

11.4.2　填空题答案

1. 0xf0 或 11110000	2. 不能	3. 按位与，取地址
4. 4	5. 14	6. 1
7. －17	8. 64	9. 4
10. 0　　707　　－1	11. 1　　0　　56	12. 位段(或位域)

11.4.3　阅读程序写结果题答案

1. : The a & 3(decimal) is 3
   : The b & 7(decimal) is 3
2. : The a | 3 (decimal) is 63
   : The b | 7 (decimal) is 63
3. : The a^3 (decimal) is 60
   : The b^7 (decimal) is 59
4. : The a's 1 complement(decimal) is -235
   : The a's 1 complement(hexidecimal) is ffff ff15
5. a=(a 的值)　　b=0
6. a=97　　b=98　　c=97　　d=98

11.4.4　编写程序题参考答案

1. 可以这样考虑。

(1) 先使 a 右移 4 位，使原来的右端开始的 4~7 位成为右端开始的 0~3 位。

(2) 设置一个低 4 位全为 1，其余全为 0 的数，可以用~(~0<<4)得到该数。

(3) 将上面二者进行&运算。

程序源代码如下。

```
main()
{ unsigned a,b,c,d;
  scanf("%o",&a);
  b=a>>4; c=~(~0<<4); d=b&c;
  printf("%o\n%o\n",a,d);
}
```

2.
```
main()
{unsigned a,b1,b2,c,k;
 scanf("%o",&a) ;     scanf("%d",&k) ;
 b1=~0;
 b2=(b1>>(k-1)) & (b1<<(16-k));   /* b2 的二进制形式是第 k 是 1，其余数码是 0*/
 c=a&b2;
 c=c>>(16-k);
 printf("%o\n",c);
}
```

3. main()

```
{unsigned a,b1,b2, c,k1,k2;
 scanf("%o",&a) ;
 scanf("%d,%d",&k1,&k2) ;
 b1=~0;
 b2=(b1>>(k1-1)) & (b1<<(16-k2));
  /* b2 的二进制形式是第 k1 位到 k2 位数码都是 1，其余数码是 0*/
 c=a&b2;
 c=c>>(16-k2);
 printf("%o\n",c);
}
```

4. main()

```
{unsigned int a; int n;
 scanf("%o",&a);     scanf("%d",&n);
 if (n>0)   printf("循环右移的结果: %o\n",moveright(a,n));
 else
    {n=-n;
     printf("循环左移的结果: %o\n",moveleft(a,n));
    }
 }
moveright(unsigned int a,int n)
 {unsigned int z;
  z=(a>>n)|(a<<(16-n));
  return(z);
 }
moveleft(unsigned int a,int n)
 {unsigned int z;
  z=(a<<n)|(a>>(16-n));
  return(z);
 }
```

第12章　文　　件

12.1　本 章 要 点

12.1.1　文件概述

所谓“文件”是指一组相关数据的有序集合。这个数据集有一个名称，就是该文件的文件名。从文件编码的方式来看，文件可以分为ASCII码文件和二进制文件这两种。ASCII文件也称为文本文件，这种文件在磁盘中存放时，每个字符对应1字节，用于存放对应的ASCII码值；二进制文件则是按二进制的编码方式来存放文件内容的。

12.1.2　文件类型指针变量

在C语言中，用一个指针变量来指向一个文件，这个指针变量称为文件类型指针变量。通过文件类型指针变量就可以对它所指的文件进行各种操作了。

定义文件类型指针变量的一般格式如下。

```
FILE  *指针变量标识符;
```

其中，FILE应为大写，它实际上是由系统定义的一个结构体类型，该结构体类型中含有文件名、文件状态和文件当前位置等描述文件的有关信息，该定义包含在stdio.h中。在编写源程序时不必关心FILE结构的细节。

12.1.3　文件的打开和关闭

文件在进行读/写操作之前要先打开，使用完毕后要关闭。所谓打开文件，实际上是建立文件的各种有关信息，并使文件类型指针指向该文件，以便对其进行操作。关闭文件则是断开文件类型指针与文件之间的联系，禁止再对该文件进行操作。

1. 文件打开函数fopen

其调用的一般格式如下。

```
文件类型指针变量名=fopen(文件名，使用文件方式)
```

其中，“文件类型指针变量名”必须是被声明为FILE类型的指针变量，“文件名”是被打开文件的文件名。“文件名”是字符串常量或字符串数组。使用文件的方式共有12种，表1-12-1给出了它们的使用符号和含义。

表 1-12-1　打开文件的方式

字　符	含　义
r	以只读方式打开一个文本文件。文件必须存在，否则打开失败。打开后，文件内部的位置指针指向文件首部的第一个字符
w	以只写方式打开一个文本文件。若文件不存在，则建立该文件。若文件已经存在，则删除原文件内容，写入新内容
a	以追加方式打开一个文本文件。只能向文件尾追加数据。文件必须存在，否则打开失败。打开后，文件内部的位置指针指向文件尾
rb	以只读方式打开一个二进制文件。文件必须存在，否则打开失败。打开后，文件内部的位置指针指向文件首部的第一个字符
wb	以只写方式打开一个二进制文件。若文件不存在，则建立该文件。若文件已经存在，则删除原文件内容，写入新文件内容
ab	以追加方式打开一个二进制文件，只能向文件尾追加数据。文件必须存在，否则打开失败。打开后，文件内部的位置指针指向文件尾
r+	以读/写方式打开一个文本文件。文件必须存在。打开后，文件内部的位置指针指向文件首部的第一个字符。打开后，可以读取文本内容，也可以写入文本内容，还可以既读又写
w+	以读/写方式打开或新建一个文本文件。若文件已存在，则新的写操作将覆盖原来的数据。若文件不存在，则建立一个新文件，还可以在不关闭文件的情况下，再读取文件内容
a+	以读和追加的方式打开一个文本文件，允许读或追加。文件必须存在，否则打开失败。打开后，文件内部的位置指针指向文件尾。可以在文件尾追加数据，也可将位置指针移到某个位置，读取文件内容
rb+	以读/写方式打开二进制文件。文件必须存在。打开后，文件内部的位置指针指向文件首部的第一个字节。打开后，可以读取数据，也可以写入数据，还可以既读又写
wb+	以读/写方式打开或新建一个二进制文件。若文件已存在，则新的写操作将覆盖原来的数据。若文件不存在，则建立一个新文件。还可以在不关闭文件的情况下，再读取文件内容
ab+	以读和追加的方式打开一个二进制文件。允许读或追加。文件必须存在，否则打开失败。打开后，文件内部的位置指针指向文件尾。可以在文件尾追加数据，也可将位置指针移到某个位置，读取数据

需要注意的是：

(1) 以 r 方式打开一个文件时，该文件必须已经存在，且只能从该文件读出数据。

(2) 以 w 方式打开的文件，只能向该文件写入。若打开的文件不存在，则以指定的文件名建立该文件；若打开的文件已经存在，则将该文件内容删除，重建一个新文件。

(3) 若要向一个已存在的文件追加新的信息，只能用 a 方式打开文件，但此时该文件必须是存在的，否则将会出错。

(4) 在打开一个文件时，如果出错，fopen 将返回一个空指针值 NULL。

(5) 把一个文本文件读入内存时，要将 ASCII 码转换成二进制码，而把文件以文本方式写入磁盘时，要把二进制码转换成 ASCII 码。因此，文本文件的读/写要花费较多的转

换时间，对二进制文件的读/写则不存在这种转换。

(6) 标准输入文件(键盘)、标准输出文件(显示器)、标准出错输出(出错信息)是由系统打开的，可以直接使用。文件一旦使用完毕，应调用关闭文件函数 fclose 把文件关闭，以避免文件数据丢失。

2. 文件关闭函数 fclose

其调用的一般格式如下。

```
fclose(文件指针)
```

正常完成关闭文件操作时，fclose 函数返回 0，返回非零值则表示有错误发生。

12.1.4　文件的读/写

对文件的读和写是最常用的文件操作。在 C 语言中提供了多种文件读/写的函数。

1. 字符读/写函数 fgetc 和 fputc

fgetc 函数的功能是从指定的文件中读取一个字符。函数的调用格式如下。

```
字符变量=fgetc(文件类型指针);
```

例如，“ch=fgetc(fp);”是从指针 fp 指向的文件中读取一个字符并送入字符变量 ch 中。

fputc 函数的功能是把一个字符写入指定的文件中，函数的调用格式如下。

```
fputc(字符量，文件指针);
```

其中，待写入的字符量可以是字符常量或变量。例如，“fputc('a',fp);”是把字符 a 写入 fp 所指向的文件中。

2. 字符串读/写函数 fgets 和 fputs

fgets 函数的功能是从指定的文件中读一串字符到字符数组中，函数的调用格式如下。

```
fgets(字符数组名，n，文件指针);
```

其中，n 是一个正整数，表示从文件中读出的字符串不超过 n–1 个字符。在读入的最后一个字符后加上串结束标志'\0'。“字符数组名”也可以是指针变量名。

fputs 函数的功能是向指定的文件写入一个字符串(不包括'\0')，其调用格式如下。

```
fputs(字符串，文件指针);
```

其中，字符串可以是字符串常量，也可以是字符数组名或指针变量。例如，fputs("abcd", fp)；其意义是把字符串"abcd"写入 fp 所指的文件中。

3. 数据块读/写函数 fread 和 fwrite

C 语言还提供了用于整块数据的读/写函数。可用来读/写一组数据，如一个数组元素，一个结构体变量的值等。读/写数据块函数调用的一般格式如下。

```
fread(buffer,size,count,fp);
fwrite(buffer,size,count,fp);
```

其中，buffer 是一个指针，在 fread 函数中，它表示存放输入数据的首地址；在 fwrite 函数中，它表示存放输出数据的首地址；size 表示数据块的字节数；count 表示要读/写的数据块块数；fp 表示文件指针。

4. 格式化读/写函数 fscanf 和 fprintf

fscanf 函数和 fprintf 函数与前面使用的 scanf 和 printf 函数的功能相似，都是格式化读/写函数。两者的区别在于 fscanf 函数和 fprintf 函数的读/写对象不仅仅是键盘和显示器，而主要是磁盘文件。这两个函数的调用格式如下。

```
fscanf(文件指针, 格式字符串, 输入表列);
fprintf(文件指针, 格式字符串, 输出表列)。
```

12.1.5　文件定位

前面介绍的对文件的读/写方式都是顺序读/写，即读/写文件只能从头开始，顺序读/写各个数据。但在实际应用中，常要求只读/写文件中某一指定的部分。为了解决这个问题，可以移动文件内部的位置指针到需要读/写的位置，再进行读写，这种读/写称为随机读/写。

实现随机读/写的关键是按要求移动位置指针，称为文件的定位。移动文件内部位置指针的函数主要有两个，即 rewind 函数和 fseek 函数。

1. rewind 函数

rewind 函数的调用格式如下。

```
rewind(文件指针);
```

它的功能是把文件内部的位置指针移到文件首。

2. fseek 函数

fseek 函数的调用格式如下。

```
fseek(文件指针, 位移量, 起始点);
```

其中，“文件指针”指向被移动的文件；“位移量”表示移动的字节数，要求位移量是 long 型数据，以便在文件长度大于 64KB 时不会出错，当用常量表示位移量时，要求加后缀字母 L；“起始点”表示从何处开始计算位移量，规定的起始点有 3 种：文件首、当前位置和文件尾。其表示方法如表 1-12-2 所示。

表 1-12-2　起始点表示方法

起 始 点	符 号 表 示	数 字 表 示
文件首	SEEK_SET	0
当前位置	SEEK_CUR	1
文件末尾	SEEK_END	2

3. ftell 函数

ftell 函数的作用是得到文件内部位置指针的当前位置，调用该函数返回的是从文件头到文件内部位置指针所指的当前位置总的字节数。若返回 - 1，则表示出错。该函数调用格式如下。

```
长整型变量=ftell(文件指针);
```

12.1.6　文件检测

C 语言中常用的文件检测函数有如下几个。

(1) 文件结束检测函数 feof，函数调用格式如下。

```
feof(文件指针);
```

功能是判断文件是否处于文件结束位置，如文件结束，则返回 1，否则返回 0。

(2) 读/写文件出错检测函数 ferror，函数调用格式如下。

```
ferror(文件指针);
```

功能是检查文件在用各种输入、输出函数进行读/写时是否出错。如果 ferror 的返回值为 0 表示未出错，否则表示有错。

(3) 文件出错标志和文件结束标志置 0 函数 clearerr，函数调用格式如下。

```
clearerr(文件指针);
```

功能是将文件的错误标志和文件结束标志置为 0。若文件发生了输入、输出错误，其错误标志被置为非 0，该值会一直保持到再一次调用输入、输出函数或者使用 clearerr 函数才会改变。文件刚打开时，错误标志为 0。

12.2　本 章 难 点

12.2.1　文件位置指针的合理定位

C 文件中有一个位置指针，指向当前读/写的位置。因此，在对文件进行读操作时，当文件已读完，表示文件位置指针指向文件的末尾。如果需要再读一遍文件内容时，要使用 rewind 函数把文件位置指针重新指向文件的开头，才能正确读出文件内容。如果要将文件位置指针从文件首(当前位置或文件尾)向其他位置移动，则要使用 fseek 函数。

12.2.2　各文件读/写函数的区别

fgetc 和 fputc 是读/写单个字符时使用的函数；fgets 和 fputs 是读/写字符串时使用的函数；fread 和 fwrite 是读/写数据块时使用的函数(一般用于二进制文件的读/写)；fscanf 和 fprinf 是格式化读/写时使用的函数，按格式将数据转换成对应的字符，并以 ASCII 码形式输出到文本文件中。

12.3　例 题 分 析

例 12.1　以下各选项中，函数 fopen 中第一个参数的正确格式是(　　)。

A. c:user\test.tex　　　　B. c:\user\text.txt

C. “c:\user\test.txt”　　　　D. “c:\\user\\test.txt”

解：fopen 函数的调用格式为 fopen(filename,mode)，filename 为准备访问的文件名。filename 可以包括该文件所在的盘符和路径(若省略盘符和路径，则默认该文件存放在当前盘当前文件夹中)，盘符、路径和文件名可以放在字符串变量中，或放在双引号内构成一个字符串常量，对于字符串中出现的反斜杠\，必须使用转义字符，表示为\\。故正确答案为 D。

例 12.2　已知 stu 是一个数组，那么语句 fread(stu,3,6,fp)的功能是(　　)。

A. 从 fp 所指的数据文件中读取 6 次，每次读取 3 字节的数据，然后存入数组 stu 中

B. 从 fp 所指的数据文件中读取 3 次，每次读取 6 字节的数据，然后存入数组 stu 中

C. 从数组 stu 中读取 3 次，每次读取 6 字节的数据，然后保存到 fp 所指的文件中

D. 从数组 stu 中读取 6 次，每次读取 3 字节的数据，然后保存到 fp 所指的文件中

解：数据块输入函数 fread(buffer,size,count,fp)的作用是从 fp 所指的文件中总共要读取 count 次数据，而每次要读 size 字节的数据，读出后的数据保存到以 buffer 为首地址的区域内。根据对 fread()函数功能和参数的分析，正确答案是 A。

例 12.3　运行下面的程序：

```
#include<stdio.h>
#include<string.h>
main()
 {FILE   *fp;   char   str[81];
  if((fp=fopen("text.dat","w"))==NULL)   { printf("can not open file.\n");   exit(0); }
  while(strlen(gets(str))>0)
     { fputs(str,fp); fputs("\n",fp); }
  fclose(fp);
}
```

从键盘输入两行数据：第 1 行输入“I love this book”后按 Enter 键，而第 2 行是直接按 Enter 键。问：如果此时在 MS-DOS 方式下输入命令，得到的输出结果是什么？

```
type   text.dat↙
```

解：while 循环中，gets()函数的作用是从标准输入文件 stdin(键盘)上输入一个字符串。需要注意的是，同样是从键盘上输入一个字符串，使用 gets()函数与使用常用的 scanf()函数得到的结果却不完全相同。通过 gets()输入的字符串中可以没有空格，也可以包含一个或多个空格，而在 scanf()中通过格式控制字符串%s 输入的字符串不能含有空格。例如，运行下面这段程序。

```
char   s1[20];   scanf("%s",s1);
printf("s1=%s\n", s1);
```

从键盘输入“I love this　game”，输出结果是 s1=I。

运行下面这段程序。

```
char   s2[20];   gets(s2);
printf("s2=%s\n", s1);
```

如果也从键盘输入“I love this game”，输出结果则是 s2= I love this game。

请注意以上二者的区别。程序中出现的 strlen()函数用来计算字符串的长度，即字符串中所包含的字符的个数，但不包括字符串结束标志'\0'。针对第一行输入数据，此时的字符串长度值为 16，而针对第二行输入数据得到的字符串长度为 0。fputs()函数是把一个字符串写到一个文件中去，但字符串结束标志'\0'不会写到文件中。

本程序实际上是从键盘上输入一系列字符(在新行状态下按 Enter 键表示输入结束)，然后把它们写到文本文件 text.dat 中去，此例中 text.dat 的内容如下。

```
I love this book
```

type 是 MS-DOS 的一条内部命令，它的作用是用来显示后面指定的文本文件 text.dat 中的内容，所以执行 type text.dat 后屏幕显示结果如下。

```
I love this book
```

例 12.4　当顺利地执行了文件的关闭命令之后，函数 fclose()的返回值是(　　)。

A. -1　　　　B. 1　　　　C. 0　　　　D. 非零

解：fclose()函数的功能是关闭由文件指针变量 fp 所指向的文件，同时释放 fp 所指向的文件结构体和文件缓冲区。若文件正常关闭，则函数返回值为 0，当关闭发生错误时，返回值为 EOF(其值为 -1)，此时可用 ferror()函数来测试。故正确答案为 C。

例 12.5　阅读程序，回答问题。

```
#include "stdio.h"
  main()
  {FILE *fp;int i,n;   fp=fopen("temp", "w+");
```

```
    for (i=1;i<=9;i++)   fprintf(fp, "%3d",i);
    for (i=5;i<9;i++)
       { fseek(fp,i*3L,SEEK_SET);
         fscanf(fp, "%3d",&n);
         printf("%3d\t",n);
       }
    fclose(fp);
  }
```

问题 1：程序的执行结果是什么？

问题 2：若将 fp=fopen("temp", "w+")换成 fp=fopen("temp", "w")，程序是否能正常运行？如果不能，为什么？

解：(1) 程序中用到 fprintf()函数，其原型为 fprintf(文件指针，格式字符串，输出表列)，功能是把输出列表中指出的值以指定的格式写入由 fp 所指定的文件中去。本程序中“fprintf (fp, "%3d",i);”的作用为以%3d 的格式写 i 变量的值到 fp 所指向的文件 temp 中。此时，temp 文件中的内容为“　1　2　3　4　5　6　7　8　9”(数与数之间空 2 列)。

(2) 接着本程序中出现 fseek 函数，其原型为 fseek(文件指针，位移量，起始点)；含义是移动位置指针，从起始点开始，移动的字节数由参数位移量给出，当用常量表示位移量时，要求加后缀 L。本程序中“fseek(fp,i*3L,SEEK_SET);”起始点为 SEEK_SET(文件首)，移动的位移量为 i*3L，i 是循环变量，其初始值为 5，第一次位置指针就从文件首开始，移动 15 字节，即位置指针指向 temp 文件中数据 5 的后一列。

(3) 程序又用到 fscanf()函数，其原型为 fscanf(文件指针，格式字符串，输入列表)；功能是从 fp 所指的文件中按指定格式读取数据，送到输入列表中去。本程序中“fscanf(fp, "%3d", &n);”的作用，是从 temp 文件中按%3d 的格式读取数据送给变量 n。当前位置指针定位到数据 5 的后一列。此时，按%3d 的格式读取数据 6 送到变量 n，接着在显示器上显示 n 的值，即为 6，循环 4 次，输出“6　7　8　9”。

(4) 本程序中，fopen("temp", "w+")函数中指出文件的使用方式用 w+，其含义是以读/写方式打开或建立一个文本文件，允许读或写。如果将 fp=fopen("temp","w+")换成 fp=fopen ("temp","w")，程序将出错。因为换后只能向文件中写入数据，不能从文件中读取数据导致，fscanf()函数不能正确执行。

故答案为：1.　6　7　8　9　　　2. 不能，因为 w 方式只能写入不能读取。

例 12.6　编写程序：从键盘输入一个文件名，将该文件中的所有英文字符写到另一个文件中去，并统计英文字符个数 m，在屏幕上显示 m 的值，显示两个文件内容。

解：本题可以使用 fgetc 和 fputc 函数对文件进行读/写操作，程序代码如下。

```
#include "stdio.h"
main()
  { FILE *p1, *p2;   int m=0;   char   ch,f1[20],f2[20];
    printf("输入提供英文字符的文件名\n");      scanf("%s",f1);
    printf("输入另一个文件名\n");       scanf("%s",f2);
    if ((p1=fopen(f1, "r"))==NULL) {printf("不能打开文件\n"); exit(0);}
    if ((p2=fopen(f2, "w"))==NULL) {printf("不能打开文件\n"); exit(0);}
```

```
    while (!feof(p1))
        {ch=fgetc(p1);
         if ((ch>='a')&&(ch<='z')||(ch>='A')&&(ch<='Z'))    {m++; fputc(ch,p2); }
            /*统计英文字符个数 m, 将英文字符写到另一个文件中去*/
        }
    rewind(p1);    rewind(p2);
        /*将文件内部的位置指针重新定位在文件首部, 为读和显示文件内容做准备*/
    while (!feof(p1))    putchar(fgetc(p1)); /*读和显示文件内容*/
    printf("\n");
    while (!feof(p2)) putchar(fgetc(p2));
    fclose(p1);fclose(p2);
  }
```

例 12.7　编写程序：将字符串 str 中的小写字符转换成大写字符，将转换后的大写字符写入文件 test.txt 的末尾(test.txt 原来的内容保持不变)，最后分别显示 test.txt 的全部内容和新写入的内容。

解：本题也是使用 fgetc 和 fputc 函数对文件进行读/写操作，程序代码如下。

```
#include "stdio.h"
main()
{ FILE *fp;   int n=0,k=0; char ch;    char str[]="abcdABCDefgEFG";
  if ((fp=fopen("test.txt", "a+"))==NULL)    {printf("不能打开文件\n"); exit(0); }
  while (str[n])
      {if ((str[n]>='a')&&(str[n]<= 'z'))    {ch=str[n]-32; fputc(ch,fp); k++;}
       n++;
      }
  rewind(fp);
  while (!feof(fp)) putchar(fgetc(fp));
  fseek(fp,-k,SEEK_END);
  while (!feof(fp)) putchar(fgetc(fp));
  fclose(fp);
}
```

例 12.8　文件 studat 中存放了十名学生的数据(包括学号 num、姓名 name、年龄 age)，要求读出第 1、3、5、7、9 名学生的数据，显示这些数据，并计算这 5 名学生的平均年龄。

解：本题可以使用 fseek 函数定位，使用 fread 函数读出学生数据，程序代码如下。

```
#include "stdio.h"
struct stu_type
    {int num;   char name[10];   int age; }stud[10];
main()
{ FILE *fp;   int i,s=0;   float aver;
  if ((fp=fopen("studat","rb"))==NULL)    {printf("can't open file\n"); exit(0); }
  for (i=0; i<9; i+=2)
     {fseek(fp,i*sizeof(struct stu_type),SEEK_SET);
      fread(&stud[i],sizeof(struct stu_type),1,fp);
      printf("%d,%s,%d\n", stud[i].num,stud[i].name,stud[i].age);
      s=s+stud[i].age;
     }
```

```
    aver=s/5.0; printf("%f\n",aver);
}
```

12.4　习　　题

12.4.1　单项选择题

1. 当已存在文件 abc.txt 时，执行函数 fopen("abc.txt", "r+")的功能是(　　)。

   A. 打开文件 abc.txt，清除原有的内容

   B. 打开文件 abc.txt，只能写入新的内容

   C. 打开文件 abc.txt，只能读取原有内容

   D. 打开文件 abc.txt，可以读取和写入新的内容

2. 函数 fopen 的文件打开方式"w+"和"a+"都可以写入数据，它们之间的差别是(　　)。

   A. "w+"可以在中间插入数据，"a+"只能在末尾追加数据

   B. "w+"和"a+"只能在末尾追加数据

   C. 当文件存在时，"w+"清除原文件数据，"a+"保留原文件数据

   D. "w+"不能在中间插入数据，"a+"不能在末尾追加数据

3. 以下不能将文件位置指针重新移到文件开头位置的函数是(　　)。

   A. rewind(fp);　　　　B. fseek(fp, -(long)ftell(fp), SEEK_CUR);

   C. fseek(fp, 0, SEEK_SET);　　　　D. fseek(fp, 0, SEEK_END);

4. 以下程序的功能是(　　)。

```
main( )
{ FILE *fp;    char str[ ]="HELLO";
  fp=fopen("PRN", "w");    fputs(str, fp);    fclose(fp);
}
```

   A. 在屏幕上显示 HELLO　　　　B. 把 HELLO 存入 PRN 文件中

   C. 在打印机上打印出 HELLO　　　　D. 以上都不对

5. 假设原来不存在文件 abc，如下程序执行后，文件 abc 的内容是(　　)。

```
#include <stdio.h>
main( )
{ FILE *fp;    char *str1="first";    char *str2="second";
  if ((fp=fopen("abc", "w+")) == NULL)
     { printf("Can't open abc file\n");    exit(1); }
  fwrite(str2, 6, 1, fp);    fseek(fp, 0L, SEEK_SET);
  fwrite(str1, 5, 1, fp);    fclose(fp);
}
```

   A. first　　　　B. second　　　　C. firstd　　　　D. 为空

6. 若要以二进制方式打开一个放在 C 盘根目录下 use 文件夹中的文件 wj，对其进行追加数据操作，则下面正确的是(　　)。

A. fopen("c:\\use\\wj"，"rb")　　B. fopen("rb"，"c:\\use\\wj")

C. fopen("c:\use\wj"，"rb")　　D. fopen("c:\\use\\wj"，rb)

7. 以下程序用于从键盘输入一个以#为结束标志的字符串，将它存入指定的文件中。请在下列各组中选择正确的选项。

```
#include <stdio.h>
main( )
{ FILE *fp;    char ch, fname[10];
     printf("输入文件名：");        scanf("%s", fname);
   if ((__(1)__)) == NULL)   {printf("不能打开文件\n");   exit(0); }
   ch=getchar();
   while(__(2)__)  { fputc(ch,fp);     (__(3)__);     }
   fclose(fp);
}
```

(1) A. fp=fopen(fname, "r")　　B. fp=fopen(fname, "w")

C. fp=fopen("fname", "r")　　D. fp=fopen("fname", "w")

(2) A. ch!='#'　　B. ch<>'#'　　C. ch=='#'　　D. !ch=='#'

(3) A. getc(ch)　　B. getc( )　　C. ch=getchar( )　　D. getchar(ch)

8. 在下面几个函数中，可以把整型数以二进制形式存放到文件中的是(　　)函数。

A. fscanf　　B. fread　　C. fwrite　　D. fputc

9. 下面说法错误的是(　　)。

A. 以二进制形式输出文件，则文件中的内容与内存中完全一致

B. 定义“int a=123;”后，若将 a 存放在 ASCII 文件中，则 a 在磁盘上占 3 字节

C. C 语言中，没有输入、输出语句，对文件的读/写都是用库函数来实现的

D. 将 ASCII 文件中的数据读取出来放入内存不需要转换

10. 下面说法正确的是(　　)。

A. 函数 fprintf()只能向磁盘输出数据，不能向显示器屏幕输出数据

B. 从计算机输出数据到文本文件时，将换行符转换为回车和换行两个字符

C. 数据从文本文件输入到计算机时，将换行符转换为回车和换行两个字符

D. C 语言中，对文件的读/写是以二进制位为单位的

11. 函数 fopen()的第一个参数是文件名(可带路径)。以下各选项中，充当该函数调用时的第一个参数，且在格式上完全正确的是(　　)。

A. "A:\folder\file"　　B. "A:\\folder\\file"

C. A:\folder\file　　D. A:\\folder\\file

12. 若使用 fopen()函数以二进制方式打开一个已经存在的文件，并对其进行读写和修改的操作，则正确的“文件使用方法”描述是(　　)。

A. rb　　B. rb+　　C. w　　D. wb

13. 若定义“int a[5];”，fp 是指向一个已经正确打开了的文件的指针，下面的函数调用形式中不正确的是(　　)。

A. fread(a[0],sizeof(int),1,fp)

B. fread(&a[0],sizeof(int),5,fp);

C. fread(a,sizeof(int),5,fp);

D. fread(a,5*sizeof(int),1,fp);

14. 系统的标准输出文件是(　　)。

A. 键盘　　B. 硬盘　　C. 内存　　D. 显示器

15. 若调用函数 fopen("file","w")；则正确的是(　　)。

A. 打开文件 file 只读　　B. 若文件 file 不存在则可以新建立

C. 打开文件 file 可读可写　　D. 文件 file 必须存在

16. 若调用 fopen( )函数打开文件未能成功，则返回值是(　　)。

A. NULL　　B. 1　　C. －1　　D. 某个非零整数

17. fseek(fd，-10L，SET_CUR)中的 fd 和 SET_CUR 分别为(　　)。

A. 文件指针，文件的开头　　B. 文件指针，文件的当前位置

C. 文件号，文件的开头　　D. 文件号，文件的当前位置

18. 执行“FILE *fp；int a[8]；fp=fopen("wen","w+");”后，下面对 fread()函数的调用形式中正确的是(　　)。

A. fread(a[8],16,1,fp);　　B. fread(a[0],8,1,*fp);

C. fread(&a,16,1,fp);　　D. fread(a,16,1,fp);

19. fwrite(buffer,size,count,fp)函数正确或不正确执行后分别返回(　　)。

A. count 的值，0　　B. size 的值，0

C. count 的值，－1　　D. size 的值，－1

12.4.2　填空题

1. C 语言中根据数据的组织形式，把文件分为________和________这两种。

2. 语句 ch=fgetc(stdin)的功能是__________。

3. 使用 puts 函数实现与函数调用 fputs(buff,stdout)等价的写法为________。

4. 一般来说，操作系统对外部存储介质上的数据的管理是以___________为单位的。

5. 在读/写文件之前，应该先_______文件，而使用结束以后，应该________文件。

6. 关闭文件的函数 fclose()若顺利执行，返回的值为_______，否则返回的值为______。若使用结束时不关闭文件，可能出现的问题是__________。

7. 函数 fputc(实参 1,实参 2)的作用是________，实参 1 是__________，实参 2 是指向文件的指针。

8. 函数 feof()的参数是________，此函数若返回 1 表示________。

9. fp 是指向某打开的文件的指针，调用函数 ferror(fp)，返回一个非零值，表示_______，若调用函数 clearerr(fp)后，再调用函数 ferror(fp)，返回值为________。

10. 以下方式中__________不能打开一个不存在的文件。

(1) r+　(2) a　(3) a+　(4) w　(5) rb　(6) w+

11. 程序开始运行的时候，系统将自动打开 3 个标准文件，分别是________、_________和标准出错输出。

12. C 语言中能将文件的位置指针移动到任意位置的函数是_______，能得到文件的位置指针的当前位置的函数是______。

13. 函数 fgetc(fp)的作用是________。若已经读到了文件的结尾，要将文件的位置指针移动到文件的开头，应该使用函数______(fp)。

14. 以下程序将用户从键盘上随机输入的 30 个学生的学号、姓名、数学成绩、计算机成绩及总分写入数据文件 score.txt 中，假设 30 个学生的学号从 1 到 30 连续。输入时不必按学号顺序进行，程序自动按学号(学号是从 1 到 30)顺序将输入的数据写入文件。请在程序中的空白处填入一条语句或一个表达式。

```
#include <stdio.h>
FILE *fp;
main( )
{struct st
  {int number;   char name[20];   float math;   float computer;   float total;
   } student;
  int i,j;
  if(  (1)   ) { printf("file open error\n");    exit(1);   }
  for(i=0;i<30;i++)
     {scanf("%d,%s,%f,%f",
        &student.number,   (2)    ,&student.math,&student.computer);
      student.total=student.math+student.computer;
      j=student.number-1;        (3)    ;
      if ( fwrite (&student, sizeof(student), 1, fp)!=1)
         printf("write file error\n");
     }
  fclose(fp);
}
```

15. 下面的程序用来统计文件 fname.dat 中字符的个数，请在下面的空白处填入正确的内容。

```
main()
{FILE *fp;   long num=0;
 if ((fp=fopen("fname.dat","r"))==NULL)
     {printf( "Can"t open file! \n"); exit(0);}
 while__________          { fgetc(fp); num++;}
 printf("num=%d\n", num);     fclose(fp);
 }
```

16. 下面的程序将使用 fgetc()函数实现 fgets()的功能，即从文件(fp 所指向的文件)中读取一串字符(n–1 个)，如果成功，则返回缓冲区的首地址(数组名 str)，否则返回 NULL。

```
char   *myfgets(char   str[ ], int   n, FILE   *fp)
   {int   k;   char   c;
```

```
            for (k=0; k<n-1; k++)
             if (    (1)     && (c=fgetc(fp))!='\n' && c!='\r')
                 {if (ferror(fp)==0)    str[k]=c;
                  else      (2)     ;
                 }
              else     break;
           str[k]='\0';
           return(str);
      }
```

12.4.3　阅读程序写结果题

1.
```
#include "stdio.h"
main()
  {FILE *fp;   char   ch, fname[10];
   printf("输入一个文件名: ");   gets(fname);
   if ((fp=fopen(fname, "w+"))==NULL)
        {printf("不能打开%s 文件\n",fname);   exit(1); }
    printf("输入数据:\n");
    while ((ch=getchar( ))!='#')    fputc(ch,fp);
    fclose(fp);
  }
```

运行该程序，并在运行时输入：

```
myfile.dat<CR>
abcdefgh1234#<CR>
```

则指定文件的内容是什么？

2.
```
#include "stdio.h"
main()
{FILE *fp;   int i,n;
 fp=fopen("temp", "w+");
 for (i=1;i<=9;i++)    fprintf(fp, "%3d",i);
 for (i=3;i<=7;i=i+2)
     { fseek(fp,i*3L,SEEK_SET);
       fscanf(fp, "%3d",&n);
       printf("%3d",n);
     }
 fclose(fp);
}
```

3.
```
# include "stdio.h"
main()
{   FILE *fp;
    fp=fopen("temp2","w");
    fputc('a',fp);
    fprintf(fp,"%c",'b');
    fputs("EOF",fp);
```

```
    printf( "\n%ld",ftell(fp));
  }
```

4.
```
# include <stdio.h>
main()
{ int i,n;     FILE *fp;
  if ((fp=fopen("temp3", "w+")) == NULL)
    { printf("不能建立文件 temp\n");    exit(0); }
  for(i=1;i<=10;i++)      fprintf(fp, "%3d", i);
  for(i=0;i<5;i++)
    {fseek(fp, i*6L, SEEK_SET);
     fscanf(fp, "%d", &n);      printf("%3d", n);
    }
  fclose(fp);
}
```

12.4.4　编写程序题

1. 请完成如下功能：将二维数组 a 的每 1 行均除以该行上的主对角元素(第 1 行同除以 a[0][0]，第 2 行同除以 a[1][1]……)然后将数组 a 的所有元素值写入到当前目录下新建的文件 design.dat 内。

2. 在正整数中找出一个最小的，被 3、5、7、9 相除所得余数分别为 1、3、5、7 的数，将该数以格式"%d"写到文件 mmnn.dat 中。

3. 素数是只能被 1 和其自身整除的自然数。请找出在 500 至 600 内的所有素数，并顺序将每个素数用语句“fprintf(p,"%5d",i);”追加到文件 shu.dat 中。

4. 从键盘输入一个文件名，然后从键盘输入一些字符，逐个把这些字符送到磁盘文件中，直到输入#为止。

5. 从键盘输入一个字符串，将字符串中的小写字母全部转换成大写字母，然后将转换后的字符串输出到磁盘文件 test.txt 中保存。

6. 共有 5 件商品，将每件商品的编号、名称、数量、单价 4 项信息写入文件 data 中。

7. 有 5 个学生，每个学生有 3 门功课的成绩，从键盘输入学生的数据(包括学号、姓名、3 门功课成绩)，计算每个学生 3 门功课的平均分数，将原有数据和计算出的平均分数存放在磁盘文件 stud 中。

8. 从键盘输入两个学生的数据(包括姓名、学号、年龄、住址)，写入文件 stu 中，再读出这两个学生的数据显示在屏幕上。

9. 在第 8 题所形成的学生文件 stu 中读出第二个学生的数据。

10. 已知函数 z=f(x,y)=(3.14*x–y)/(x+y)，若 x、y 取值为区间[1，6]的整数，找出 z 取最小值的 x1、y1，并将 x1、y1 以格式"%d,%d"写入 D 盘根目录下的 use 文件夹中的 defor.dat 文件中。

11. 有两个磁盘文件 a1 和 a2，各存放一行字母，要求把这两个文件中的信息合并(按字母顺序排列)，输出到一个新文件 a3 中。

12.5　习题参考答案

12.5.1　单项选择题答案

1. D　　2. C　　3. D　　4. B　　5. C
6. A　　7. (1)B　(2)A　(3)C　　8. C　　9. D　　10. B
11. B　　12. B　　13. A　　14. D　　15. B
16. A　　17. B　　18. D　　19. A

12.5.2　填空题答案

1. 文本文件　　二进制文件　　2. 从键盘输入一个字符赋给变量 ch
3. puts(buff)　　4. 文件
5. 打开　　关闭　　6. 0　　－1　　写入缓冲区中的数据丢失
7. 把一字节写到磁盘文件中去　　一个字符常量或变量
8. 文件指针　　文件已经结束　　9. 前一次文件操作出错　　0
10. (1) (2) (3) (5)　　11. 标准输入　　标准输出
12. fseek　　ftell　　13. 从 fp 所指的文件中读取一个字符　　rewind
14. (1) (fp=fopen("score.txt","wb+"))==NULL　　(2) student.namc
(3) fseek(fp,(long)(j*sizeof(struct st)),0)
15. (!feof(fp))
16. (1) !feof(fp)　　(2) return(NULL)

12.5.3　阅读程序写结果题答案

1. 内容是：abcdefgh1234
2. 输出：　4　6　8
3. 输出：5
4. 输出：1　3　5　7　9

12.5.4　编写程序题参考答案

1.
```
#include <stdio.h>
main()
 {float a[3][3]={{1.3,2.7,3.6},{2,3,4.7},{3,4,1.27}};
  FILE *p;   int i,j;   float b;   p=fopen("design.dat","w");
  for(i=0;i<3;i++)
     { b=a[i][i];
       for(j=0;j<3;j++)      a[i][j]/=b;
     }
  for(i=0;i<3;i++)
     {for(j=0;j<3;j++) fprintf(p,"%10.6f",a[i][j]);
```

```
        fprintf(p,"\n");
      }
    fclose(p);
  }
```

2.
```
#include <stdio.h>
#include <math.h>
main()
{FILE *p ;   int i=1 ;      p=fopen ("mmnn.dat","w");
  while ((i%3!=1) || (i%5!=3) || (i%7!=5) || (i%9!=7))   i++;
  fprintf(p,"%d",i);     fclose(p);
}
```

3.
```
#include <stdio.h>
 #include <math.h>
 main()
{ FILE *p;   int i , j , bz=0;   p=fopen("shu.dat","a");
  for (i=500; i<=600; i++)
    { bz=0;
      for (j=2; j<=(int)sqrt(i); j++)
          if (i%j==0) {bz=1;   break;}
      if (bz==0)   fprintf(p,"%5d",i);
    }
 fclose(p);
}
```

4.
```
#include "stdio.h"
main()
 { FILE *fp;    char ch,filename[10];
  gets(filename);
  if((fp=fopen(filename,"w"))==NULL)
      {printf("cannot open file\n");exit(0);}
  ch=getchar();
  while(ch!='#')
   {fputc(ch,fp); putchar(ch);
    ch=getchar();
    }
 fclose(fp);
}
```

5.
```
#include "stdio.h"
main()
{ FILE *fp;   char str1[100]; int i=0;
 if((fp=fopen("test","w"))==NULL)
     { printf("cannot open the file\n");exit(0);}
 printf("please input a string:\n");     gets(str1);
 while(str1[i]!='\0')
  { if(str1[i]>='a' && str1[i]<='z')
     str1[i]=str1[i]-32;
     fputc(str1[i],fp);
     i++;
  }
```

```
fclose(fp);
}
```

6.
```
#include "stdio.h"
#define N 5
main()
{struct record
   {int num;
    char name[4];
    int count;
    float price;
   }s[N]={{1, "aaa",10,12.3},{2, "bbb",20,23.45},{3, "ccc",20,13.45},
          {4, "ddd",50,78.6},{5, "eee",30,34.21}};
 FILE *fp; int k;
 if ((fp=fopen("data", "wb"))==NULL)
   {printf("不能打开文件\n"); exit(0);}
 for (k=0;k<N;k++)
   fwrite(&s[k],sizeof(struct record),1,fp);
 fclosc (fp);
}
```

7.
```
# include   "stdio.h"
struct   student
     { char   num[6];
       char   name[8];
       int   score[3];
       float   avr;
     } stu[5];
 main()
{int i,j,sum;   FILE *fp;
 for(i=0;i<5;i++)        /*输入数据*/
    { printf("\n please input No. %d score:\n",i);
      printf("stuNo:"); scanf("%s",stu[i].num);
      printf("name:"); scanf("%s",stu[i].name);
      sum=0;
      for(j=0;j<3;j++)
         { printf("score %d.",j+1);
           scanf("%d",&stu[i].score[j]);   sum+=stu[i].score[j];
         }
     stu[i].avr=sum/3.0;
    }
 fp=fopen("stud","w");
 for(i=0;i<5;i++)
    if(fwrite(&stu[i],sizeof(struct student),1,fp)!=1)
         printf("file write error\n");
 fclose(fp);
}
```

8.
```
#include<stdio.h>
struct   stu
   {char name[10];   int num;   int age;   char addr[15];
   }boya[2],boyb[2],*pp,*qq;
```

```
main()
{FILE *fp;   char ch;   int i;
 pp=boya; qq=boyb;
 if((fp=fopen("stu","wb+"))==NULL)
     {printf("Cannot open file strike any key exit!"); getch(); exit(1);}
 printf("\ninput data\n");
 for(i=0;i<2;i++,pp++)
 scanf("%s%d%d%s",pp->name,&pp->num,&pp->age,pp->addr);
 pp=boya;
 fwrite(pp,sizeof(struct stu),2,fp);
 rewind(fp);
 fread(qq,sizeof(struct stu),2,fp);
 printf("\n name\tnumber age addr\n");
 for(i=0;i<2;i++,qq++)
 printf("%s\t%5d%7d%s\n",qq->name,qq->num,qq->age,qq->addr);
 fclose(fp);
 }
```

解释：当文件打不开时，getch()的功能是从键盘输入一个字符，但不在屏幕上显示。在这里，该行的作用是等待，只有当用户从键盘按任一键时，程序才继续执行。因此，用户可利用这个等待时间阅读出错提示，按键后执行 exit(1)退出程序。

9.
```
#include<stdio.h>
struct stu
{char name[10]; int num; int age; char addr[15]; } boy,*qq;
main()
{ FILE *fp; char ch; int i=1; qq=&boy;
 if((fp=fopen("stu","rb"))==NULL)
    {printf("Cannot open file strike any key exit!"); getch(); exit(1); }
 rewind(fp);
 fseek(fp,i*sizeof(struct stu), SEEK_SET);
 fread(qq,sizeof(struct stu),1,fp);
 printf("\n name\tnumber age addr\n");
 printf("%s\t%5d %7d %s\n",qq->name,qq->num,qq->age,qq->addr);
 fclose(fp);
}
```

10.
```
#include "stdio.h"
 main()
{ FILE *p; float min; int x,y,x1,y1;
  float f(float x,float y);
  p=fopen("d:\\use\\defor.dat", "w")
  min=f(1,1);   x1=1; y1=1;
  for (x=1;x<=6;x++)
     for(y=1;y<=6;y++)
        if (f(x,y)<min)   {min=f(x,y); x1=x; y1=y;}
  fprintf(p, "%d,%d",x1,y1);
  fclose(p);
}
float f(float x,float y)
  {return((3.14*x-y)/(x+y)) ; }
```

11.
```
#include "stdio.h"
 main()
{FILE *fp; int i,j,n,ni;   char c[160],t,ch;
 fp=fopen("a1","r");
 printf("\n a1 contents are :\n");
 for(i=0;(ch=fgetc(fp))!=EOF;i++)
     {c[i]=ch; putchar(c[i]); }
 fclose(fp);
 ni=i;
 fp=fopen("a2","r");
 printf("\n a2 contents are :\n");
 for(i=ni;(ch=fgetc(fp))!=EOF;i++)
     {c[i]=ch; putchar(c[i]); }
 fclose(fp);
 n=i;
 for(i=0;i<n;i++)              /*从小到大排序*/
    for(j=i+1;j<n;j++)
       if(c[i]>c[j])
            {t=c[i];c[i]=c[j];c[j]=t;}
 printf("\n a3 file is:\n");
 fp=fopen("a3","w");
 for(i=0;i<n;i++)
    { fputc(c[i],fp); putchar(c[i]); }
 fclose(fp);
}
```

第2篇　C语言程序设计实验教程

实验一　熟悉C-Free的运行环境和开发C程序的步骤

1. 实验目的

(1) 熟悉 C-Free 的运行环境，通过实验练习，熟练掌握 C-Free 的各种常用命令的基本操作方法。

(2) 熟练掌握在 C-Free 环境下编辑、编译和运行 C 程序的基本步骤。

2. 在 C-Free 环境下编译和运行单个 C 程序文件的方法

C-Free 是一款基于Windows的 C/C++集成化开发软件。利用该软件，用户可以轻松地编辑、编译、链接、运行、调试 C 程序。对于初次学习 C 语言的人，这款软件使用很方便，可以迅速提高 C 语言程序编写能力。

按照下面的步骤，可以使用 C-Free 编辑、编译和运行一个简单的 C 程序应用程序。

(1) 双击桌面上的 C-Free 快捷方式，运行 C-Free，出现如图 2-1-1 所示的窗口。

图 2-1-1　C-Free 启动后的窗口

单击图 2-1-1 中的“关闭”按钮，出现如图 2-1-2 所示的 C-Free 主窗口。

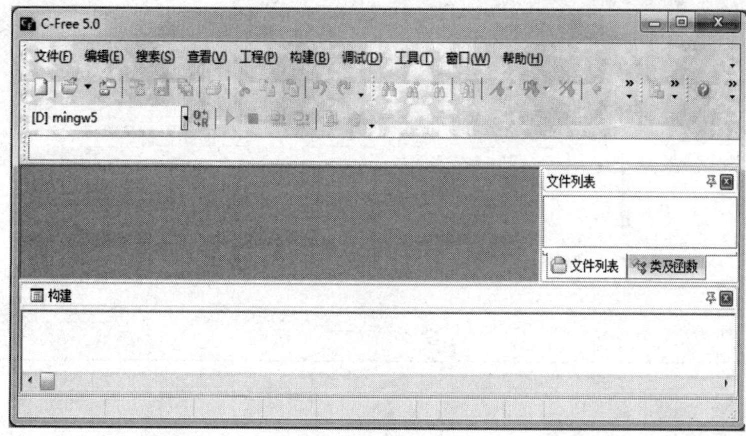

图 2-1-2　C-Free 主窗口

(2) 单击工具栏上的“新建”按钮，这样就会产生一个新的代码编辑器窗口。右击编辑区，在弹出的菜单中选择“插入代码模板→C template”，如图 2-1-3 所示。

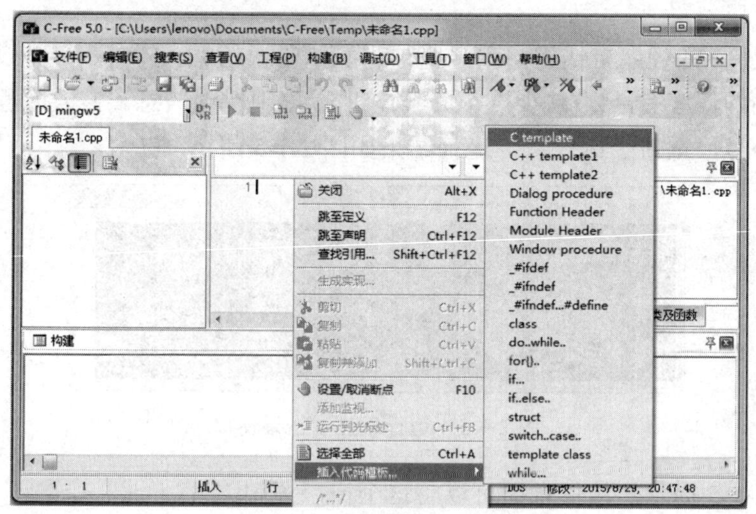

图 2-1-3　新代码编辑器窗口

这样操作之后，会在编辑区产生如下代码。

```
#include <stdio.h>
int main(int argc, char *argv[ ])
{
    return 0;
}
```

(3) 修改上面的代码，在语句"return 0;"的上面插入如下语句。

```
printf("Hello, Welcome to you!\n")
```

然后单击工具栏上的“保存”按钮，保存文件为“hello.c”。保存后如图 2-1-4 所示。

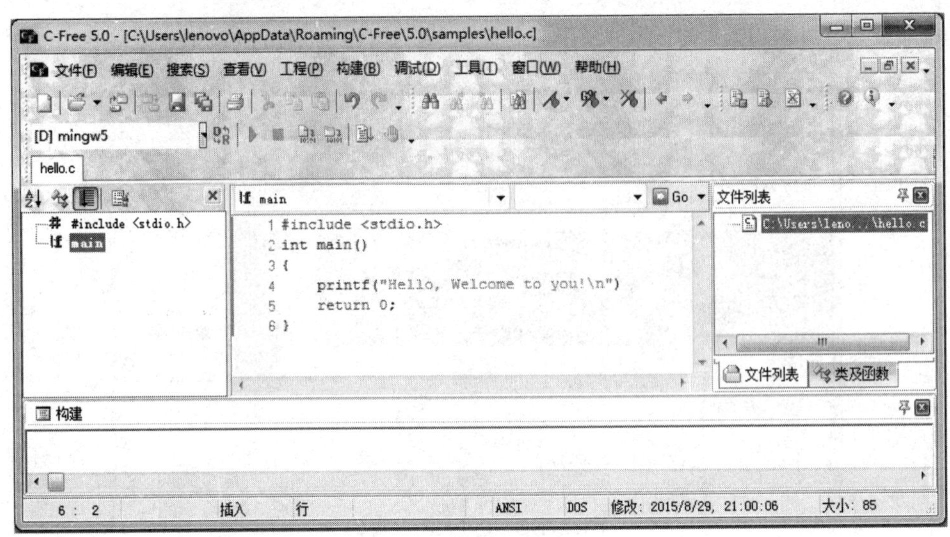

图 2-1-4　保存文件 hello.c

(4) 单击工具栏上的“构建并运行”按钮，C-Free 开始编译 hello.c 文件，编译的结果显示在消息窗口。

(5) 如果上面的程序有错误，消息窗口将显示错误信息。

因为上面的程序有错误(缺少一个分号)，所以出现错误信息。修改源程序，在 printf 语句后加上分号，重新“运行”，运行结果如图 2-1-5 所示。

图 2-1-5　运行后显示结果窗口

按照图 2-1-5 提示，按任意键可以将这个窗口关闭。

3. 在 C-Free 环境下构建工程的方法

当编写一个比较大的程序时，涉及的源程序文件往往不止一个，这时需要建立一个工程来统一管理这些文件。使用工程，可以方便地将这些文件编译、链接成一个独立的可执行文件。下面的步骤说明如何建立、编译、构建一个工程。

(1) 选择“工程”菜单下的“新建”选项，在图 2-1-6 所示的对话框中输入工程名称，如 p1，并选择适当的保存位置。

在图 2-1-6 所示的对话框中，选择工程类型为“控制台程序”，然后单击“确定”按钮。这时会出现如图 2-1-7 所示的对话框。

在图 2-1-7 所示的对话框中，选择控制台程序的类型为“空的程序”，然后单击“下一步”按钮，出现如图 2-1-8 所示的对话框。

图 2-1-6　新建工程窗口

图 2-1-7　程序类型对话框

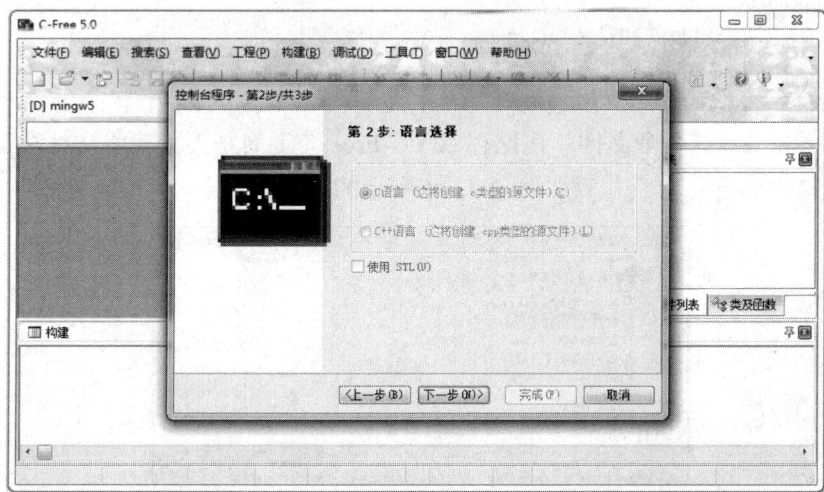

图 2-1-8　语言选择对话框

在图 2-1-8 中单击“下一步”按钮，出现如图 2-1-9 所示的对话框。

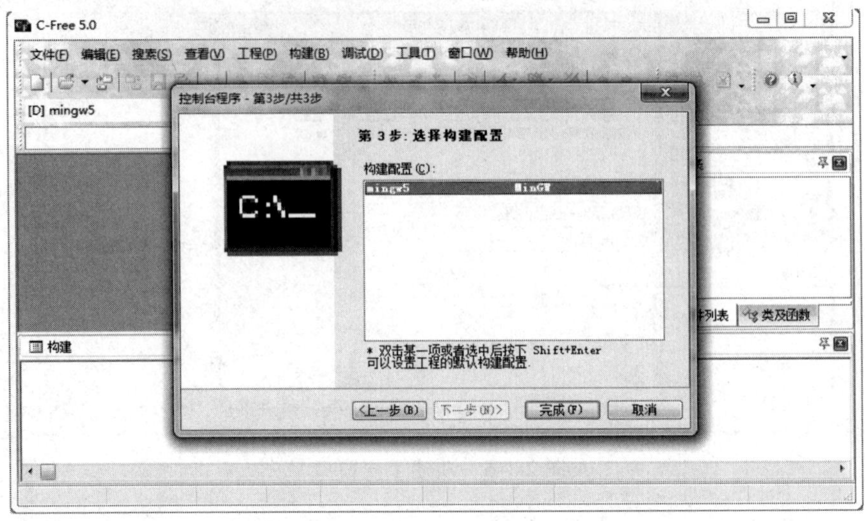

图 2-1-9　选择构建配置对话框

在图 2-1-9 中单击“完成”按钮。这样，C-Free 就为我们创建了一个空的工程 p1。目前工程中没有任何文件。

(2) 新建两个文件 f1.c 和 f2.c，f1.c 和 f2.c 的程序代码如下。

```
/* f1.c */
#include<stdio.h>
int sum(int x,int y);
int main()
{ int a,b,c;
printf("请输入两个整数\n");
printf("两个整数用逗号间隔\n");
scanf(“%d,%d”,&a,&b);
c=sum(a,b);
printf("这两个整数的和是%d\n",c);
}
```

```
/* f2.c */
int sum(int x,int y)
{
int z;
z=x+y;
return z;
}
```

保存 f1.c 和 f2.c 这两个文件。在保存后，C-Free 会询问是否希望将文件添加到当前工程中，请选择“确定”，会出现如图 2-1-10 所示的对话框。

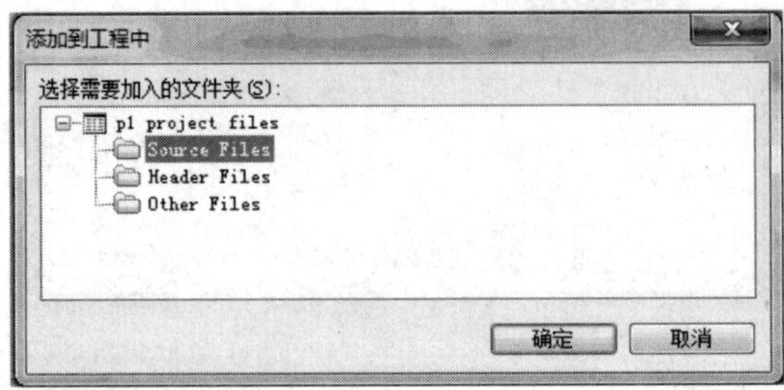

图 2-1-10　选择文件夹对话框

在图 2-1-10 对话框中选择 Source Files 目录，然后单击“确定”按钮，这样文件就被添加到了工程的 Source Files 文件夹中。添加这两个文件后保存工程。这样，就完成了包含两个文件的工程 p1 的构建。工程 p1 的文件列表窗口如图 2-1-11 所示。

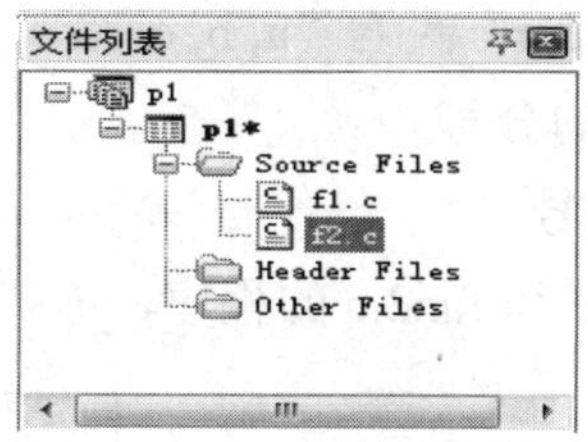

图 2-1-11　文件列表窗口

若想添加头文件到工程 p1，则可以右击上图中的 Header Files 文件夹，添加想要的头文件到工程中。用户也可以将这些文件夹删除，建立自己的文件夹。

使用 C-Free 的“构建”菜单，编译工程 p1 所包含的文件。如果编译没有错误，将链接所有的目标文件，生成一个独立的 EXE 程序。运行这个程序的结果如图 2-1-12 所示。

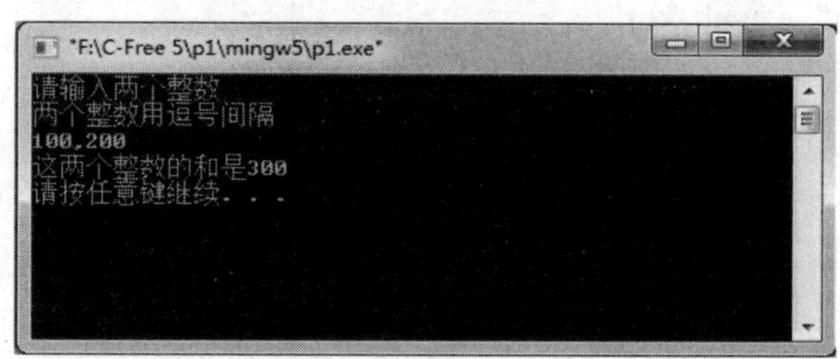

图 2-1-12　程序运行的结果

4. 实验内容

(1) 输入下列 C 源程序，编译并运行它，观察结果。

```
#include <stdio.h>
main()
  { printf("This is C - Free software.\n");
   printf("You are welcome to use this software!\n");
   printf("Please edit and debug C language program.\n");
   return 0;
  }
```

(2) 输入如下程序，依次引入下述错误，然后改正错误，查看系统出现的错误信息。

```
#include <stdio.h>
main()
{ int a,b,c;
 scanf("%d,%d,%d", &a,&b,&c);
 printf("The input number are : %d %d %d \n", a, b, c);
 getch();
}
```

① 把第 3 行变量声明语句的第一个逗号改为分号。

② 把第 4 行 printf()改写为 print()。

③ 去掉第 4 行中的第 2 个双引号。

④ 把第 4 行中“&a,&b,&c”改为“a, b, c”。

⑤ 去掉 printf 语句末尾的分号。

⑥ 去掉用于结束的大括号。

(3) 输入包含两个文件 fun1.c 和 fun2.c 的程序，编译并运行它，观察结果。

```
/* fun1.c */
#include<stdio.h>
float aver(int x,int y,int z);
int main()
{int a,b,c; float p;
printf("请连续输入 3 个整数\n");
printf("每两个整数之间用逗号间隔\n");
scanf(“%d,%d,%d”,&a,&b,&c);
p=aver(a,b,c);
printf("这 3 个整数的平均值是%f\n",p);
return 0;
}
```

```
/* fun2.c */
float aver(int x,int y,int z)
{
float av;
av=(x+y+z)/3;
return av;
}
```

5. 思考题

(1) 开发一个 C 程序，应有哪些必要的步骤？

(2) 总结在实验中编辑、编译、链接、运行等各环节中所出现的问题及解决方法。

实验二　数据类型、运算符和表达式

1. 实验目的

(1) 掌握 C 语言数据类型，熟悉如何定义一个整型、字符型、实型变量，以及对它们进行赋值的方法，了解以上类型数据输出时所用的格式转换符。

(2) 掌握算术运算符的正确使用和运算优先级，特别是自加(++)和自减(--)运算符的使用。

(3) 掌握算术表达式的正确书写方法。

(4) 掌握各类数值型数据之间的混合运算的类型转换规则。

2. 内容提要

(1) C 语言的数据类型有：基本类型、构造类型、指针类型、空类型这 4 种。

(2) 基本类型的分类及特点如表 2-2-1 所示。

表 2-2-1　基本类型

类型说明符	字　节	数 值 范 围
字符型 char	1	C 字符集
基本整型 int	4	－214783648~214783647
短整型 short int	2	－32768~32767
长整型 long int	4	－214783648~214783647
无符号基本整型 unsigned int	4	0~4294967295
无符号短整型 unsigned short	2	0~65535
无符号长整型 unsigned long	4	0~4294967295
单精度实型 float	4	3.4E－38~3.4E+38
双精度实型 double	8	1.7E－308~1.7E+308

(3) 常量后缀有：L 或 l 长整型、U 或 u 无符号数、F 或 f 浮点数几种。

(4) 常量类型有：整数、长整数、无符号数、浮点数、字符、字符串、符号常数、转义字符等。

(5) 数据类型转换。

① 自动转换。

在不同类型数据的混合运算中，由系统自动实现转换，由少字节类型向多字节类型转换。不同类型的量相互赋值时也由系统自动进行转换，把赋值号右边的类型转换为左边的类型。

② 强制转换。

由强制转换运算符完成转换。

(6) 运算符优先级和结合性。

一般而言，单目运算符优先级较高，赋值运算符优先级较低；算术运算符优先级较高，关系和逻辑运算符优先级较低。具有左结合性(结合方向是自右至左)的运算符有单目运算符、三目运算符、赋值运算符。

(7) 表达式。

表达式是由运算符连接常量、变量、函数所组成的式子。每个表达式都有一个值和一个类型，表达式求值按运算符的优先级和结合性所规定的顺序进行。

(8) 对于数值数据类型的常量和变量可使用的运算符有+、–、*、/、%等。

(9) 使用除号(/)时应注意：两个整型数相除的结果是整型数。

(10) 使用求余运算符(%)时应注意：只有两个整型数才能使用求余运算符。

3. 实验内容

(1) 调试运行下列程序，并注意整型变量与实型变量的定义及使用方法、符号常量的应用、表达式的计算及变量的赋值，最后在下面的空白处填上正确的内容。

```
#include "stdio.h"
#define PI   3.1415        /*回答问题 A*/
main()                     /*求圆和梯形的面积*/
{ float s,r,h,t,b;         /*回答问题 B*/
   r=4.0;
   s=PI*r*r;                          /*回答问题 C*/
   printf("erea of circle =%d\n",s);
   t=3.0;b=7.6;h=4.23;                /*回答问题 E*/
   s=(t+b)*h/2;                       /*回答问题 D*/
   printf("erea of trapezoid =%d\n",s);
}
```

① 为了区别一般的变量，符号常量常用________________表示。

② 变量必须______________后才能使用。

③ 程序中的=是_____________，与数学中等号的功能不同。

④ 在程序中，有些运算符的表示形式与数学中的表示不同，如等号为__________，乘号为____________，书写时要注意。

⑤ C 程序的书写格式比较自由，一行内可以写一个语句，也可以写___________语句。

在上面程序右边的空白处写出运行结果，并仔细分析。

(2) 调试运行下列程序，注意字符变量的定义和使用方法、字符变量的输入与输出、字符数据与整型数据的关系以及转义字符的使用方法等，最后在下面的空白处填入正确的内容。

```
#include "stdio.h"
main()
{char c1,c2;   int x;
```

```
    scanf("%c",&c2);                    /*回答问题 A*/
    c1=97;                              /*回答问题 B*/
    x=c2+2;
    printf("c1=%c,c2=%d, ",c1,c2);      /*回答问题 C*/
    printf("%c,%d\n",x,x);
    printf("%c\t%d\t%c\t%c\n",'B','B','\102','\x42'); /*回答问题 D、E*/
    printf("%s\t%s\n","China","\"China\"");
    printf("%c%c%c",'\a','\a','\007');
   }
```

① 用 char 只能定义________型变量，不能定义字符串变量，试着把对应的语句改为 scanf("%s",c2);编译结果是否出错？

② 字符数据在内存中以________存储，占 1 字节。

③ 字符数据和__________之间可以通用，可按字符型输出，也可按整型输出。

④ 程序中"\t"的功能是________________，"\n"的功能是_______________。

⑤ 程序中'\102'是字符'B'的八进制表示，'\x42'是字符'B'的________________。

在上面程序右边的空白处写出运行结果，并仔细分析。

(3) 仔细阅读下列程序，改正程序中的错误，写出运行结果，然后上机调试验证，最后在下面的空白处填上正确的内容。

```
#include "stdio.h"
   main()
   {int a,b,c,x,y;
    int k,i=j=0,a;                    /*该句有错，回答问题 A*/
    float f,g,h;
    f=g=h=1.6;
    x=(a=10,b=100,c=50);              /*回答问题 F*/
    y=h;
    f+=(float)(x+y);                  /*回答问题 C*/
    c=++a+b--;   c--;                 /*回答问题 B*/
    j=b++%--a;   i=g/10;              /*回答问题 D*/
    k=(++b==c?b:c);                   /*回答问题 E*/
    printf("\nk=%d",k);
    printf("\nfloat=%d, int=%d",sizeof f,sizeof(a+b));
    printf("\nx=%d, y=%d, f=%f, c=%d, j=%d, i=%d",x,y,f,c++,j,i);
   }
```

① 在定义变量时可以对变量初始化，但不能__________，变量不能重复定义，改正程序中的错误。

② 增 1(或自增)、减 1(或自减)运算符的运算对象是__________类型变量，能不能是含有变量的表达式？如把语句改写成“c=++(a+b);”。

③ 强制类型转换后，原变量的值和数据类型__________(变/不变)。

④ 当把一个实型数据赋给整型变量时系统将自动截掉______________。

⑤ 若一个表达式中既包括单目运算，又包括双目运算和三目运算，那么，在计算时最先做的是___________。

⑥ 比较赋值运算符与逗号运行符的优先级，在含有逗号表达式的语句中，若去除小

括号，x 变量的值将会是什么？

上机运行程序，看看写出的结果是否正确。

4. 思考题

(1) 是否可以通过/和%运算，来取出一个十进制整数的各位数字？

(2) 如何判断整数 m 是整数 n 的因子？

(3) 能用+和–来交换两个变量中的内容吗？

实验三　简单C程序设计

1. 实验目的

(1) 理解 C 语言程序的顺序结构。
(2) 掌握并熟练应用赋值、输入/输出语句。

2. 内容提要

(1) printf()函数的格式如下。

```
printf("格式控制字符串" [,参数 1][,参数 2][,参数 3]…);
```

printf()函数是最常用的函数之一，用于输出计算结果，掌握 printf()函数十分重要。
其中最简单的格式符如下。
① %d 用来对整型变量以十进制整数形式输出结果；
② %f 用来对实型变量以带小数点的十进制数形式输出结果；
③ %c 用来对字符型变量以字符形式输出结果。
[,参数 i]可以是常量、变量和表达式，方括号表示该项内容是可选的。
(2) scanf()函数的格式如下。

```
scanf("格式控制字符串", 变量地址列表);
```

其中，格式符同前；“变量地址列表”是变量名前加地址运算符(&)，就是此变量的地址，各变量地址之间用逗号“,”隔开，就构成一个变量地址列表。

(3) C 程序的风格如下。

源程序一律用小写字母，只有符号常量、用户定义的类型标识符用大写字母；按程序的层次，用缩进格式；每个语句之后必须用分号“；”结束(复合语句的大括号后不必加分号)；程序中适当增加注释行。

(4) 一个 C 程序一般包括输入、处理和输出这 3 大部分；为了使程序具有交互性，最好在输入语句之前添加“提示”信息的输出语句。

3. 实验内容

(1) 先阅读以下程序，仔细分析数据的输入/输出格式，然后输入设定的一组数据及数据输入格式，再上机调试运行该程序并分析输出结果，最后在下面的空白处填入正确的内容。

```
#include "stdio.h"
```

```
main()
{long int l,m; int i,j,k,w=-1; float x,y; char ch='h';
 printf("\n 输入格式：");
 printf("\nInput x,y=");
 scanf("%f,%5f",&x,&y);                /*回答问题 A*/
 printf("\nInput l,m=");
 scanf("%ld%ld",&l,&m);                /*回答问题 B*/
 printf("\nInput i,j,k=");
 scanf("%d,%d,%4d",&i,&j,&k);          /*回答问题 F*/
 printf("\n\n 输出格式：\n");
 printf("%10.4f %10f\n",x,y);          /*回答问题 C*/
 printf("%10ld%-10ld\n",l,m);          /*回答问题 D*/
 printf("%10d%10d%10d\n",i,j,k);
 printf("%c, %s\n",ch, "ABCDEF");      /*回答问题 E*/
 printf("w=%d,%u,%o,%x\n\n",w,w,w,w);
}
```

① C 语言本身没有输入/输出语句，所有输入/输出都由__________来实现。

② 格式说明%ld 用于输入/输出__________数据。

③ 格式说明%10.4f 中，10 表示数据输出的最小宽度，4 表示__________。

④ 格式说明% - 10ld 中，加负号使输出的数据左对齐，不加为__________。

⑤ “输出项目表”是由用逗号隔开的表达式组成的，这些表达式必须与“格式说明”字符串中的格式说明的__________一一对应。

⑥ 输入数据的个数和__________必须与 scanf()函数中的“格式说明”一一对应。

(2) 阅读程序，回答以下问题，然后上机调试程序，验证所写答案。

```
#include  <stdio.h>
main()
{ char a,b;    int c;
  scanf("%c%c%d",&a,&b,&c);
  printf("%c,%c,%d\n",a,b,c);
}
```

① 要使上面程序的输出语句在屏幕上显示“1,2,34”，则从键盘输入的数据格式应为以下备选答案中的哪一个？(　　)

A. 1　2　34　　　　B. 1, 2, 34

C. '1', '2',34　　　　D. 12　34

② 与上面程序的键盘输入相同的情况下，要使上面程序在屏幕上显示“1　2　34”，则应修改程序中的哪条语句？怎样修改？

③ 要使上面程序的键盘输入数据格式为“1,2,34”，输出语句在屏幕上显示的结果也是“1,2,34”，则应修改程序中的哪条语句？怎样修改？

④ 要使上面程序的键盘输入数据格式为“1,2,34”，而输出语句在屏幕上显示的结果为“1,2,34”(1 和 2 是字符形式)，则应修改程序中的哪条语句？怎样修改？

⑤ 要使上面程序的键盘输入无论用下面哪种格式输入数据，程序在屏幕上的输出结果都是“1,2,34”(1 和 2 是字符形式)，则应修改程序中的哪条语句？怎样修改？

第一种输入方式：1,2,34↙(以逗号作为分隔符)。

第二种输入方式：1 2 34↙(以空格作为分隔符)。

第三种输入方式：1 2 34↙(以 Tab 键作为分隔符)。

第四种输入方式：

1↙

2↙

34↙(以 Enter 键作为分隔符)。

(3) 编写一个程序，根据本金 a、存款年数 n、年利率 p 及利息税 q 计算到期后的扣税利息 s。利息的计算公式如下。

$$s=a\times(1+p)^n - a$$

提示：

(1) 确定已知量为 a、n、p、q，待求量为 s，分析以上量的数据类型。

(2) 分析需要用键盘输入的变量是哪些，最后输出的变量是哪些。

(3) n 次方的计算要由函数 pow 完成，$(1+p)^n$ 即 pow(1+p,n)，使用这个函数必须在程序开始处添加#include <math.h>。

参考算法如图 2-3-1 所示。

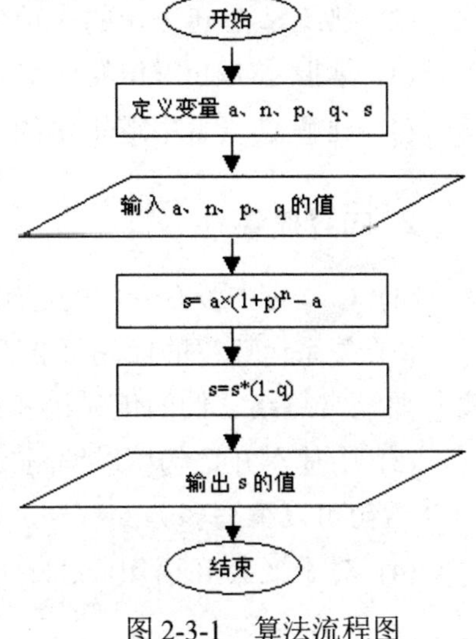

图 2-3-1　算法流程图

4. 思考题

(1) 从程序 1 的执行结果中，对格式%m.nf 中整数 m、n 的具体含义做一个小结；格式%f 输出的结果小数点后有几位小数？

(2) 当输入格式控制字符串最后加一个\n 时，输入操作时会有什么不同？

(3) 当输入格式控制字符串中除格式符外还有其他字符，则输入时应如何输入数据？例如，对于输入函数“scanf("A=%d,B=%d",&a,&b);”，应如何输入 a、b 两个数据？

(4) 在 C 程序中，表达式 1/2 和 1/2.0 的区别是什么？具体问题中应注意什么？

(5) 在一个 C 语句之后多加一个分号“;”会产生语法错误吗？为什么？少一个分号又会产生什么后果呢？

实验四　选择结构程序设计

1. 实验目的

(1) 掌握 6 个关系运算符和 3 个逻辑运算符的正确书写和使用方法。

(2) 熟练掌握 if 语句的 3 种形式及其使用方法。

(3) 掌握 switch 语句的使用方法。

(4) 理解 C 语言中逻辑量的表示方法。

2. 内容提要

(1) C 语言中没有专门的逻辑型变量，一般用 0 表示逻辑假，用 1 或非 0 表示逻辑真。

(2) 关系运算符的优先级低于算术运算符，而高于赋值运算符。随着运算符的不断丰富，要经常总结它们的优先级和结合方向。

(3) 用基本 if 语句可以编写二分支程序；用“if(e1)s1; else if(e2)s2; else sn;”语句或嵌套 if 语句可以编写多分支程序。用 switch 语句可以编写多分支程序。

(4) 对于嵌套 if 语句，else 子句总是与靠它最近的没有配对的 if 语句配对。

3. 实验内容

(1) 调试运行下列程序，注意条件语句的使用方法及两个单元交换数据的方法，最后完成程序后面的填空。

```
#include"stdio.h"
   main()
     { float a,b,c,t;
        printf("\nInput a,b,c=");
        scanf("%f%f%f",&a,&b,&c);
        printf("a=%6.2f b=%6.2f c=%6.2f\n",a,b,c);
        if(a>b){ t=a;a=b;b=t; }
        if(a>c){ t=a;a=c;c=t; }
        if(b>c){ t=b;b=c;c=t; }
        printf("%8.2f, %8.2f, %8.2f\n",a,b,c);
     }
```

① 只有当条件语句中表达式的值为____________时才会执行交换数据的语句，否则执行条件语句的后继语句。

② 当程序结束时，变量 a 中所存储的数是 3 个数中的____________。

③ 在条件语句嵌套使用时，必须注意 if 与 else 的配对问题。C 语言规定，else 总是与它上面____________的 if 配对。

④ 条件语句中的条件表达式必须用______________括起来。

⑤ 该程序的功能是____。

(2) 已知整型变量 a,b(b≠0)，设 x 为实型量，计算分段函数 y 值的公式如下。

$$y=\begin{cases} a+b*x & 0.5<=x<1.5 \\ a-b*x & 1.5<=x<2.5 \\ a*b*x & 2.5<=x<3.5 \\ a/b*x & 3.5<=x<4.5 \end{cases}$$

请调试运行下列求分段函数 y 值的程序，并改正其中的错误，最后在下面空白处填入正确的内容。

```
#include"stdio.h"
main()
{ int a,b,k;
 printf("\n 请输入 a,b,x 的值："); scanf("%d%d%f",&a,&b,&x);
 float x,y;                      /*该句位置有错，回答问题 A*/
 k=int(x+0.5);                   /*该句有错，回答问题 B*/
 switch(k)
   { case 1: y=a+b*x; printf("y=%f\n",y); break;       /*回答问题 B*/
     case 2: y=a-b*x; printf("y=%f\n",y); break;
     case 3: y=a*b*x; printf("y=%f\n",y);              /*该句有错，回答问题 C*/
     case 4: y=a/b*x; printf("y=%f\n",y); break;       /*此句有错，回答问题 D*/
     default: printf("x error.\n");
   }
}
```

① 数据说明部分能不能放在执行语句部分的中间或后面？

② 在同一个 switch 语句中，所有 case 后“常量表达式”的值能不能是已确定值的变量或变量表达式，可否写成“k= =1”这样的形式？

③ break 语句的功能是什么？若去掉它，会是什么样的结果？

④ 本句编译时没错，但与题意不符，请更正(a 与 b 相除，注意类型)。

上机运行程序，分别输入 5 组不同的数据，使程序的每一个选择都被执行到，并写出执行结果。

输入 2　4　1.2　输出________________________________

输入 2　4　1.5　输出________________________________

输入 2　4　3　输出________________________________

输入 2.0　4.0　3　输出________________________________

输入 1　4　4.0　输出________________________________

(3) 身高预测。据有关生理卫生知识与数据统计分析表明，影响小孩成人后的身高因素包括遗传、饮食习惯与体育锻炼等。小孩成人后的身高与其父母身高和自身性别密切相关。

设 hf 为其父身高，hm 为其母身高，则身高预测公式如下。

男性成人时身高=(hf + hm)×0.54cm

女性成人时身高=(hf×0.923 + hm)/2cm

此外，如果喜爱体育锻炼，那么可以增加身高 2%；如果有良好的卫生饮食习惯，可增加身高 1.5%。

从键盘输入用户的性别(用字符型变量 sex 存储，输入字符 F 表示女性，字符 M 表示男性)、父母身高(用实型变量存储，hf 为其父身高，hm 为其母身高)、是否喜爱体育锻炼(用字符型变量 sports 存储，输入字符 Y 表示喜爱，字符 N 表示不喜爱)、是否有良好的饮食习惯等条件(用字符型变量 diet 存储，输入字符 Y 表示良好，字符 N 表示不好)，利用给定公式和身高预测方法对身高进行预测。

提示：

① 确定待输入的量有 sex、hf、hm、sports、diet，待求的量为孩子的身高，设为 hc。

② 注意以上几个变量的类型，题目中已有提示。

③ 在程序中每一次输入前都应该要有提示信息。

④ 参考算法如图 2-4-1 所示。

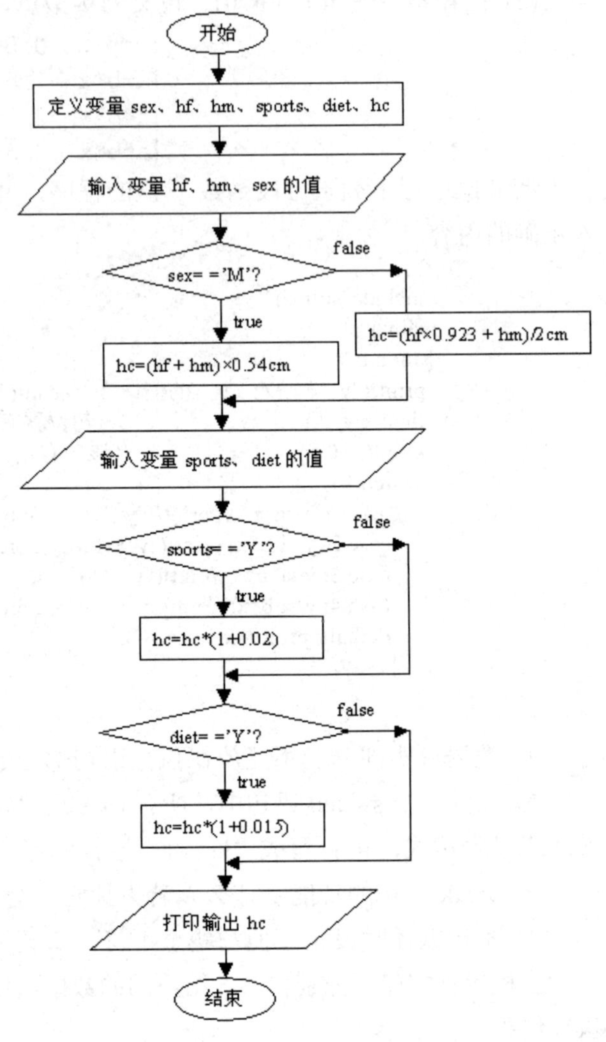

图 2-4-1　身高预测算法

(4) 假定向国外邮寄包裹的收费按如下计算：首先，包裹重量四舍五入到最近的 15g 的倍数，然后按表 2-4-1 收费。编写一个程序根据用户输入的包裹重量和里程计算邮费。

表 2-4-1　收费标准

重　　量(g)	收　　费(元)
15	5
30	9
45	12
60	14(每足 1000 km 加 1 元)
75 以上	15(每足 1000 km 加 2 元)

提示：

① 由于对重量判断时是四舍五入，故不能以简单的整除来求区段，对于用户输入的重量w，采用如下公式四舍五入到最近的15g的倍数。

x=((w+7)/15)*15

当 w 小于 8 时，x=0，但邮费应为 5；当 x=60 或 x≥60 时，还应考虑里程费用。

② 设置的变量有重量 w，四舍五入后的结果为 x，里程为 p，收费为 f。

③ 根据题意，最适合的程序结构是 switch 语句结构。

④ 参考程序流程图如图 2-4-2 所示。

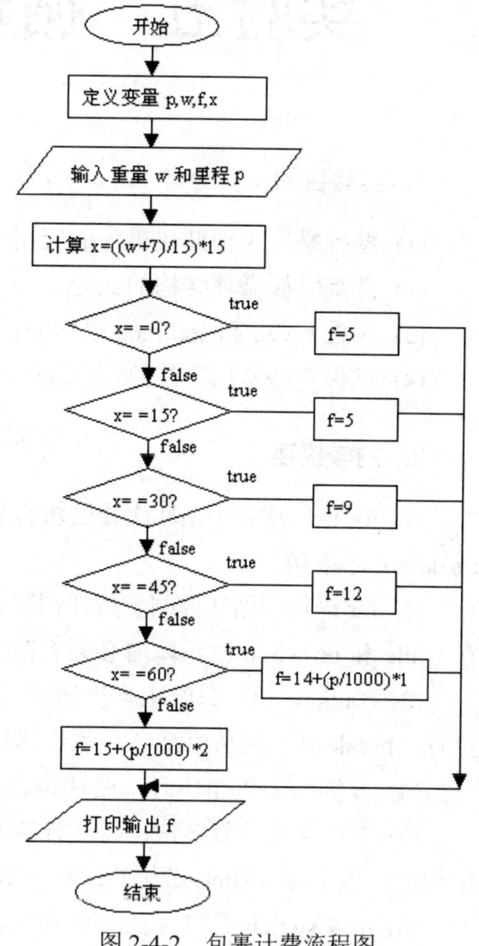

图 2-4-2　包裹计费流程图

4. 思考题

(1) 判断变量 a 是否等于 5 的正确关系表达式是 a==5，可是在编写程序时误写成了如下形式。

```
if (a=5)   printf("yes\n");
else   printf("no\n");
```

请问在编译时，C 编译程序是否会指出其错误？为什么？

(2) 与逻辑表达式!a 等价的关系表达式是什么？

(3) 对于平面上的一个点 P(x,y)，逻辑表达式 fabs(x)<=2 && fabs(y)<=2 表示点 P 落入哪一区域之中？

(4) 在 switch 语句中，如果不用 break 语句，会产生什么结果？

(5) 改变 switch 语句中的 case 子句的顺序，会不会改变程序的运行结果？

实验五　循环结构程序设计

1．实验目的

(1) 熟练掌握 3 种循环语句的应用。

(2) 熟练掌握循环结构的嵌套。

(3) 掌握 break 和 continue 语句的使用。

(4) 掌握一些常用算法(如穷举法、迭代法、递推法等)。

2．内容提要

(1) for 语句适合于循环次数已知的循环；对于循环次数事先无法知道的循环，可用 while 或 do-while 语句。

(2) for 语句的循环控制变量在循环体内可以引用，如果改变它会影响循环的执行次数；在 while 和 do-while 循环体内必须有改变循环控制量的语句，否则会引起死循环。

(3) continue 语句只结束本次循环，不再执行其下面的语句，而去判断下一次循环是否执行；break 语句则结束循环，跳出本层循环，执行本循环语句下面的语句。

(4) 在编写多重循环时，要注意各层的循环控制变量不要重复使用。

(5) 对于需要计算多次，每次计算都需要根据条件进行判断的问题，可以采用在循环结构内嵌入 if 或 switch 语句的编程方式。

(6) if 或 switch 语句内嵌入循环结构，是根据给定的条件表达式，当某一条件成立时，去进行循环计算。

3．实验内容

(1) 调试运行下列两个程序，并注意循环语句的使用方法及执行过程，最后在下面的空白处填入正确的内容。程序一代码如下。

```
#include "stdio.h"
main()        /*功能是从键盘输入十个字符, 把其中的小写字母转换成大写字母后输出*/
{char ch; int n=1;
 while(n<=10)
   { ch=getchar();                /*输入一个字符*/
     if(ch>='a' && ch<='z')      /*判断是否为小写字母*/
     printf("%c,\n ",ch-32);     /*小写字母转换成大写字母并输出*/
     n++;
   }
}
```

程序二代码如下。

```
#include "stdio.h"
main()        /*功能是把键盘输入的小写字母转换成大写字母后输出，直到输入'*'为止*/
{ char ch;
   do{ ch=getchar();
         if(ch>='a' && ch<='z')
         printf("%c,\n",ch-32);
      }while(ch!='*');
}
```

① 如果程序一的 while 循环内没有“n++;”语句，程序运行时将会出现___________。

② 已知程序一中循环体被执行了 10 次，结束循环时 n 的值是___________。

③ 程序二中循环的结束条件是___________。

④ 如果把程序一中的循环条件改为“while(1)”，为了使循环能正常结束，必须在循环体内的 n++语句后加上语句 if(n>10) ___________。

⑤ 在循环外的语句不受循环的控制，在循环内的语句受___________的控制。

(2) 猜数游戏。编程先由计算机“想”一个 1 到 100 之间的数让人猜，如果猜对了，则结束游戏，并在屏幕上输出猜了多少次才猜对此数，以此来反映猜数者“猜”的水平，否则计算机给出提示，告诉人所猜的数是太大还是太小，最多可以猜 10 次，如果猜了 10 次仍未猜中，则结束游戏。

提示：

① 计算机想一个数实际是由计算机利用 random 函数和 randomize 函数产生一个随机数，这两个函数在头文件 stdlib.h 中。

② 要设置的变量有猜数次数 count，随机被猜数 number，所猜数字 guess。

③ 选用 do-while 结构，参考图 2-5-1 所示的程序流程图。

请读者进一步细化初始化和输出结果这两个步骤。

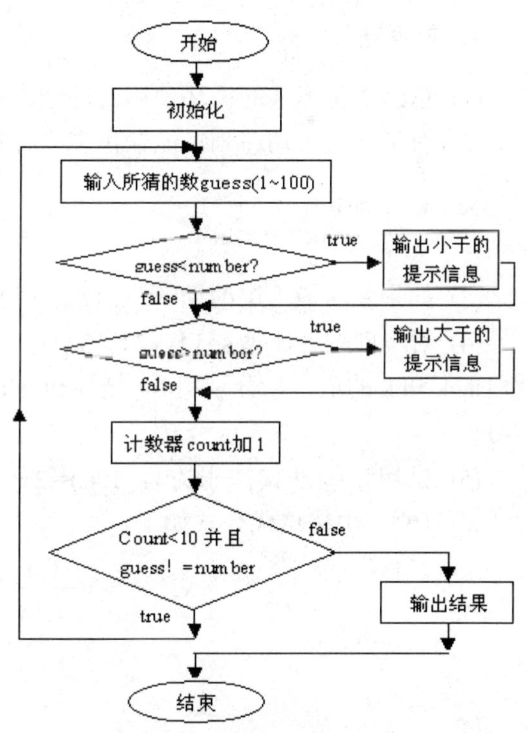

图 2-5-1　猜数游戏流程图

(3) 水果拼盘问题。现有苹果、橘子、香蕉、菠萝、梨 5 种水果用来做水果拼盘，每个水果拼盘一定有 3 个水果，且这 3 个水果的种类不同，问可以制作多少种水果拼盘？

提示：

① 5 种水果分别用 5 个符号常量 apple、orange、banana、pineapple、pear 描述。

② 定义变量 x、y、z。其中 x、y、z 是 5 种水果中的任意一种，设定由水果 x、y、z 制作一种水果拼盘，并满足 x≠y≠z。设置变量 n，计算组合的次数。

③ 使用三重循环语句来组合它们，使用穷举法完成总共有多少种水果拼盘可以制作，使用 for 语句较简单。

④ 参考程序算法如下。

```
算法开始
初始计数器 n=0
for 循环(x: apple---->pear)
for 循环(y:apple---->pear)
for 循环(z:apple---->pear)
    如果(z!=x)并且(z!=y)并且(x!=y)
        计数器 n 加 1; 输出 x,y,z 的值
输出计数器 n 的值
算法结束
```

(4) 编写一个 C 程序，读入全班同学的 C 语言程序设计成绩，计算所有同学的平均成绩，要求保留小数两位；求出最高分和最低分。

① 设班级人数固定为 40 个，用 for 语句实现。

② 设班级人数不固定，以输入负数成绩为循环结束条件，用 while 语句实现。

4. 思考题

(1) 总结 3 种形式的循环使用的区别。

(2) 对于下列语句序列，能输出多少行*****？为什么？

```
for(i=1; i<=5;i++);
 printf("*****\n");
```

(3) 如果要从最内层的循环跳出到最外层的循环语句之后，如何实现？

(4) 对于问题“计算 s=1！+2！+3！+…+k!的值，当 s >800 时停止计算，输出停止计算时的 s 和 k 的值”，分别用 for 循环和 while 循环编写程序。比较哪一种循环编写的程序好？

(5) 试用牛顿迭代法求方程 $f(x_n)=2x^3-4x^2+3x-6=0$ 在 1.5 附近的根，要求：$|x^{n+1}-x^n|<10^{-5}$。牛顿迭代公式如下。

$$x_{n+1}=x_n-\frac{f(x_n)}{f'(x_n)}\quad n=0,1,2,3,\cdots$$

实验六　数组的应用(一)
——数值数据的数组

1. 实验目的

(1) 掌握一维和二维数组的定义规则，数组元素的引用方法。

(2) 掌握数组元素的初始化。

(3) 能利用一维或二维数组解决实际问题。

(4) 熟悉与数组相关的算法(冒泡排序、选择排序、二分查找等)。

2. 内容提要

(1) 数组是其组成元素类型相同的结构类型。

(2) C语言中，数组元素的下标是从 0 开始的；下标的形式可以是整型常数、变量或表达式。

(3) 只有数组元素才能参加表达式中的运算，整个数组不能参加运算。

(4) 只有外部数组和 static 数组的数组元素可以自动初始化为 0。

3. 实验内容

(1) 调试运行下列程序，注意一维数组的定义、引用、初始化方法，以及数组数据的输入与输出方法，最后在下面的空白处填入正确的内容。

```
/*用单层循环结构来实现一维数组元素值的输入与输出*/
#include "stdio.h"
main()
{ int buffer[10]={3,-7,4,0,-2},max,i;
  for(i=5;i<10;i++)                    /*输入一维数组 buffer 的后 5 个元素值*/
     scanf("%d",&buffer[i]);
  max=buffer[0];
  for(i=1;i<10;i++)                     /*找最大数*/
     if(max<buffer[i]) max=buffer[i];
  printf("buffer 数组中的最大数为%d\n",max);
  printf("\n 输出数组 buffer 中各元素的值\n");
  for(i=0;i<10;i++)   printf("%d,",buffer[i]);
}
```

① 数组是具有一定顺序关系的若干相同类型变量的集合体，组成数组的变量称为该数组的____________________。

② 数组元素的下标一般从________________开始，且不能越界。

③ 数组名是一个常量，是数组首元素的内存______________，不能被赋值或自增。

④ 引用数组时，只能逐个引用数组元素，而不能一次引用______________。

⑤ 在对全部数组元素赋初值时，可以不指定数组的________________。

⑥ 数组元素在内存中是顺序存放的，它们的地址是________________。

⑦ 程序运行结束时，变量 max 中存放的是____________________________。

(2) 调试运行下列程序，并注意二维数组的定义、引用、初始化方法，以及数组数据的输入/输出方法，最后在下面画线处填入正确的内容。

```
/*用双重循环语句来实现二维数组元素值的输入/输出*/
#include "stdio.h"
main()
{ int x[4][4],i,j,max,min,r1,c1,r2,c2;
  for(i=0;i<4;i++)        /*二维数组元素值的输入*/
    for(j=0;j<4;j++)
       scanf("%d",&x[i][j]);
  max=min=x[0][0];
  r1=c1=r2=c2=0;
  for(i=0;i<4;i++)        /*找最大，找最小*/
    {for(j=0;j<4;j++)       /*找所有元素的最大值*/
       if(max<x[i][j])
         { max=x[i][j];r1=i;c1=j; }
       if(min>x[i][j])
         { min=x[i][j];r2=i;c2=j; }
    }
  for(i=0;i<4;i++)/*二维数组的输出*/
    { printf("\n");
     for(j=0;j<4;j++)   printf("%d",x[i][j]);
    }
  printf("\n max=%d,row=%d,col=%d",max,r1,c1); /*输出最大数及其位置*/
  printf("\n min=%d,row=%d,col=%d",min,r2,c2); /*输出最小数及其位置*/
}
```

① 把程序运行结果写在上面程序右边的空白处。

② 程序运行结束时，变量 max 中存放的是_______________________________。

③ 程序运行结束时，变量 r1、c1 中存放的分别是___________________________。

④ 程序运行结束时，变量 min 中存放的是_______________________________。

(3) 餐饮服务质量调查打分。在商业和科学研究中，人们经常需要对数据进行分析并将结果以直方图的形式显示出来。例如，一个公司的主管可能需要了解一年来公司的营业状况，比较一下各月份的销售收入状况。如果仅给出一大堆数据，这显然太不直观了。如果能将这些数据以条形图(直方图)的形式表示出来，那么将会大大增加这些数据的直观性，也便于数据的分析与对比。下面以顾客对餐饮服务打分为例，编写一个程序。假设有 40 个学生被邀请来给自助餐厅的食品和服务质量打分，分数为从 1~10 的 10 个等级(1 表示最低分，10 表示最高分)，试统计调查结果，并用'*'打印出如下形式的统计结果直方图。

```
Grade        Count       Histogram
1              5         *****
2              10        **********
3              7        *******
          ...
```

提示：

① 定义一个含有 40 个元素的数组 score，40 个学生打的分数存放在这个数组中。再定义一个含有 11 个元素的数组 count，作为计数器使用(count[0]不用)。

② 算法描述如下。

第一步是通过一个循环结构输入数组 score 的值；

第二步是计算统计结果，设置一个循环，依次检查数组 score 中的元素值，是 1 则将数组元素 count[1]加 1，是 2 则将数组元素 count[2]加 1，依此类推，将各等级分数的统计结果存放在 count 数组中；

第三步是打印统计结果，设置双重循环，外循环遍历数组 count；内循环按 count[i]的值打印相应个数的符号'*'。

(4) 统计一个班的学生成绩，要求程序具有如下功能。

① 每个学生的学号和 4 门功课的成绩从键盘读入。

② 计算每个学生的总分和平均分。

③ 按平均成绩进行排序，输出排序后的成绩单(包括学号、4 门功课的成绩和平均分)，给出名次。如果分数相同，则名次并列，其他学生名次不变。

调试程序时，可以先输入少量学生的成绩作为实验数据。例如，可输入 3 名学生 4 门功课的成绩如下。

学号　　成绩

2007301, 67，72，65，80

2007302, 75，82，94，95

2007303, 70，74，80，76

4. 思考题

(1) 什么情况下使用数组？使用数组有什么好处？

(2) 编写一个程序，计算已知多项式 $P_n(x)=a_0x^n+a_1x^{n-1}+a_2x^{n-2}+\cdots+a_{n-2}x^2+a_{n-1}x+a_n$ 在 $x=x_0$ 处的值。要求程序能适应任意 n 次多项式 $P_n(x)$。

(3) 能用语句 int a['d'–'a'];定义一个数组吗？如果可以，那么它有几个元素？如果不可以，为什么？

(4) 已有两个按从小到大排序好的整数序列 a 和 b，怎样把它们合并成一个序列 c，且序列 c 中的整数仍然是按从小到大的顺序排列的。

实验七　数组的应用(二)
——字符数据的数组

1. 实验目的

(1) 掌握字符数组和字符串之间的主要区别。

(2) 掌握字符数组和字符串的应用。

(3) 掌握字符串输入/输出格式控制符%s 的使用。

(4) 掌握 gets()、puts()、strcmp()、strcpy()等常用字符串处理函数的使用。

2. 内容提要

(1) 字符数组是元素为字符型数据的数组，字符串是以'\0'结束的字符数组。

(2) 用%s 输入字符串时，空格字符是可以作为分隔符的，所以不能输入含有空格字符的字符串。如果字符串中含有空格字符，要用函数 gets()输入该字符串。

3. 实验内容

(1) 调试运行下列程序，注意字符数组的定义、引用、初始化方法，以及字符数组数据的输入/输出方法，最后在画线处填入正确的内容。程序功能为将 str1[ ]与 str2[ ]中各元素的值依次赋给 str[ ]。程序代码如下。

```
#include "stdio.h"
main()
{ int j=0,k=0;   char str[100],str1[10];
  char str2[ ]={"string2"};            /*字符数组 str2[]初始化*/
  printf("\n Input string1: ");
  scanf("%s",str1);                    /*输入字符数组 str1*/
  for(j=0;j<10 && str1[j]!='\0';j++) str[j]=str1[j];
  for(k=0;k<8 && str2[k]!='\0';k++) str[j+k]=str2[k];
  str[j+k]='\0';
  printf("\n %s",str);         /*输出字符数组 str[]*/
  printf("put out str again:");
  j=0;
  while(str [j]!='\0')         /*用循环逐个输出 str[]的元素值*/
     { printf("%c",str[j]); j++; }
}
```

① 不能用 char 来定义一个字符串变量，只能用字符数组来存放____________。

② 字符串以________为结束标志。

③ 可用格式符________来输入/输出字符数组，也可用格式符"%c"来输出字符数组。

④ 用格式符"%s"输入字符数组时，数组名前不加______，数组名后不加[ ]。

程序说明：

① 循环结构“for(j=0;j<10 && str1[j]!='\0';j++)str[j]=str1[j];”的功能是把数组 str1[ ]的元素逐个赋给数组 str[ ]的对应元素，直到 str1[j]=='\0'为止。循环结束时，循环变量 j 的值为 str1[j]=='\0'时的下标值。

② 循环结构“for(k=0;k<8 && str2[k]!='\0';k++)str[j+k]=str2[k];”的功能是把数组 str2[]的元素逐个赋给数组 str[ ]。用 j+k 为数组 str[ ]定位，是为了将 str2[ ]的元素放在 str[ ]的已有元素之后。

(2) 调试运行下列程序，并注意输入字符串函数 gets()与输出字符串函数 puts()的使用方法，最后在画线处填入正确的内容。程序功能是：分别统计出字符数组 s 中字母、数字、空格及其他字符的个数。程序代码如下。

```
#include "stdio.h"
main()
{ char s[100];
   int i=0,ch=0,num=0,space=0,other=0;
   gets(s);                              /*输入字符串*/
   while(s[i]!='\0'&& i<100)             /*分类统计*/
      { if (s[i]>='a'&& s[i]<='z') ch++;
        else if (s[i]>='A'&& s[i]<='Z') ch++;
        else if (s[i]>='0'&& s[i]<='9') num++;
        else if (s[i]==' ') space++;
        else   other++;
        i++;
      }
 puts(s);   putchar('\n');
 printf("字母个数: %d,数字个数: %d, 空格个数: %d, 其他个数: %d\n",
         ch,num,space,other);
}
```

① 函数 gets()的返回值是用于存放输入字符串的字符数组的______________。

② 函数 puts()的参数是______________。

③ 循环表达式(s[i]!='\0' && i<100)写成(s[i]!='\0' || i<100)时会出现如下错误：

____。

(3) 编写程序实现字符串循环左移，左移的位数由程序运行时从键盘输入。示例如下。

源字符串：

a	b	c	d	e	f	g	\0	h	i

循环左移 2 位后：

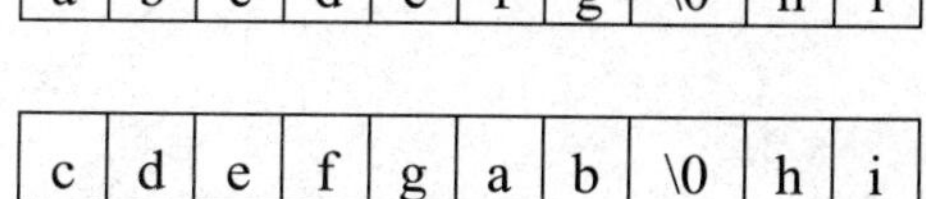

c	d	e	f	g	a	b	\0	h	i

提示：

① 定义字符数组，并初始化。

② 用键盘输入变量 n 的值，用来控制移动的次数，一次移动一个字符。

③ 每一次移动都是先保存字符串中最前面的一个字符；然后从第 2 个字符开始，字符串中的每个字符顺次向前移动一个位置。

④ 把刚才保存的最前面的字符存放到最后面的位置(注意，不是字符数组中最后的位置，也不是'\0'的位置，而是'\0'前面的位置)。

⑤ 输出新的字符串。

4. 思考题

(1) 请问下列声明语句定义的数组 a1 和 a2 有什么区别？

```
char a1[ ]="computer";
char a2[ ]={'c', 'o', 'm', 'p','u', 't', 'e', 'r'}
```

(2) 假设执行下列语句序列后，输入字符串“Personal　computer”，那么，其结果是什么？

```
char   line[80];
scanf("%s",line );
printf("%s\n",line);
   … …
```

实验八　函　　数

1. 实验目的

(1) 掌握定义函数的方法与规则。

(2) 掌握正确调用函数的规则及形参与实参的对应关系。

(3) 掌握全局变量、局部变量和静态变量的概念及它们之间的区别与使用方法。

(4) 正确理解主调函数和被调函数之间的参数传递方式。

(5) 理解递归函数中的运行机制，会编写简单的递归函数。

2. 内容提要

(1) 用户自定义的函数最好按 ANSI 标准定义，这样可以在编译阶段及早发现程序中的错误，提高开发效率。

(2) 调用函数的规则：在调用函数中，一般应对被调函数做说明；在函数调用语句中，实际参数与形式参数应在个数、类型和次序上一一对应。

(3) 在函数中定义的形式参数和变量通常都是动态局部变量，每调用一次就分配一次，调用结束后其值就消失；在函数中，可以用静态变量来保持上一次产生的值。

(4) 局部变量只在定义它的函数内有效；声明同名变量时，局部变量声明优先于全局变量声明。

(5) 局部变量的生存期从函数调用开始直到调用结束；全局变量的生存期从程序执行开始到整个程序执行结束为止。

(6) 一般调用函数时，实参按值传递给形参。当在被调函数内改变形参值时不能改变实参的值，不能通过形参来传递结果，只有当形参是指针变量时，才能按地址引用，传递结果。

(7) 数组元素做函数的实参同变量做实参一样，是单向传递，即“值传送”方式。

(8) 数组名是该数组所代表的存储区的首地址，是一个地址常数，用数组名做实参时是按地址传递的，所以可以用数组名做实参来传递结果。

(9) 实参数组与形参数组共用同一段内存单元。

(10) 实参数组与形参数组的大小可以一致也可以不一致，但实参数组与形参数组的类型必须一致。

(11) 编写递归函数时，一定要注意递归出口，也就是到某一层后递归就会结束。例如，用公式“n!=n*(n-1)!，0！=1”计算阶乘，若无 0！=1 这个递归结束的条件是不行的。

3. 实验内容

(1) 调试运行下列程序，并注意函数的嵌套调用方法，最后在画线处填入正确的内容。

```
#include "string.h"
void change(char cs[ ])
{int j=0,k,temp;
   printf("\n Input string: ");   scanf("%s",cs);            /*输入字符串*/
   printf("\n%s\n",cs);                                       /*输出字符串*/
}
void f(fstr,fs1,fs2)
char fstr[ ],fs1[ ],fs2[ ];
{ char string[20];     static int   r;             /*定义静态变量 r*/
   strcpy(string,fstr);
   r=strcmp(fs1,fs2);                              /*两个字符串进行比较*/
   if(r==0) printf("\ns1[]=s2[]");
   else printf("\ns1[]!=s2[]");
   change(string);        /*调用函数 change */
}
main()
{ char str[30];
   static char s1[ ]={"string1"};
   static char s2[ ]={"string2"};
   f(str,s1,s2);                      /*调用函数 f*/
}
```

① 在上面程序右边的空白处写出程序的嵌套调用过程。

② 程序调用中属于“地址传递”的参数有____________________________。

③ 字符数组 string 的作用域是______________________________________。

④ 变量 r 的生存期是____________________，作用域为____________________。

⑤ 把数组 str[30]定义成 str[10]会出现_________________________________。

(2) 编写一个求任意两个正整数 m、n 的最大公约数的函数 gmd，并测试它。再编写一个求两个正整数的最小公倍数的函数 lcd，最小公倍数＝m*n/最大公约数。

方法一：不使用全局变量，函数为有参函数，m、n 在主函数中输入，以值传递方式调用函数，以函数返回值作为结果。

方法二：使用全局变量，函数为无参函数，在主函数中输入 m、n，通过两个函数调用直接在主函数中输出结果。

(3) 用两种方法编写计算三角形面积的函数：一种方法是形参用 3 个变量，另一种方法是形参用包含 3 个元素的数组名。在 main()函数中定义包含 3 个元素的数组，从键盘输入数组的 3 个元素值(作为三角形边长)，实参用数组的 3 个元素或数组名。对这两种方法作对比分析。

(4) 假设有两个字符串 str1、str2，编写一个程序，通过简单的菜单实现 str1 到 str2 之间的复制、粘贴等功能，菜单如图 2-8-1 所示。

1. 复制
2. 剪切
3. 粘贴
4. 删除
5. 退出

图 2-8-1　菜单

要求：1~4 的功能必须由自定义函数实现。

提示：

① 定义字符数组 str1、str2、str3；复制、剪切时把 str1 中的字符串复制到 str3 中，粘贴时从 str3 复制到 str2 中。

② 复制与剪切的区别：复制不删除源串，剪切删除源串，在剪切函数中可以调用删除函数。

③ 菜单部分的参考算法如下。

```
while(1)
    {打印菜单;
     输入 select;
     switch(select)
        {case   1 : 调用"复制"函数; break;
         case   2 : 调用"剪切"函数; break;
         case   3 : 调用"粘贴"函数; break;
         case   4 : 调用"删除"函数;
         case   5 : break;
         default  : 输出提示信息;
        }
     if (select==5) break;
    }
```

④ 思考，假如可以对源串中的任意多个连续字符进行复制、剪切、粘贴、删除等操作，则需如何修改？

(5) 掷骰子游戏。编写程序模拟掷骰子游戏。已知掷骰子游戏的游戏规则为：每个骰子有 6 面，分别包含 1、2、3、4、5、6 个点，每次掷两枚骰子，然后计算点数之和。如果第一次的点数和为 7 或 11，则游戏者获胜；如果第一次的点数和为 2、3 或 12，则游戏者输；如果第一次的点数和为 4、5、6、8、9 或 10，则将这个和作为游戏者获胜需要掷出的点数，继续掷骰子，直到掷到该点数时算是游戏者获胜。如果 7 次仍未掷到该点数，则游戏者输。

4. 思考题

(1) 调用函数时，实参是整型变量，形参是实型变量，运行结果能正确吗？若实参是实型变量，形参是整型变量，运行结果又将如何呢？

(2) 调用函数时，若实参的个数与形参的个数不相同(大于或小于)，会出现什么结果？

(3) 局部静态变量与自动变量在存储方式上有什么区别？什么样的函数要使用局部静态变量？

(4) 若在函数中对形参数组进行操作，改变了形参数组元素的值，那么实参数组会发生什么变化吗？

(5) 什么样的问题可以用递归函数来处理？如果递归函数没有递归出口，运行时会出现什么情况？

实验九　指　　针

1. 实验目的

(1) 掌握指针变量的定义和概念，掌握运算符*和&的使用方法。

(2) 正确理解指针运算(p+n,p-n,p++,p--,++p,--p,<,>,==,!=,=)的具体含义，会熟练使用指针运算。正确理解空指针常数 NULL。

(3) 熟练掌握指针与数组之间的关系(包括二维数组)、数组名的含义、字符串指针。

(4) 熟练掌握指针作为函数的参数的使用方法。

(5) 正确理解指向函数的指针变量和返回指针值的函数这两个概念。

2. 内容提要

(1) 指针就是某一变量所代表的存储区的地址，指针变量是存储地址的变量。

(2) 用“*”运算符来访问指针变量所指存储区的内容；指针变量定义后必须要动态分配存储区后才能进行存取；可以用 malloc(size)函数动态分配内存。

(3) 同一类型的指针变量之间可以进行关系运算(<,<=,>,>=,==,!=)；两个同一类型的指针变量之间可以进行减法(–)运算。

(4) 数组名是该数组存储区的首地址，是一个地址常量。若指针变量中存储某数组元素的地址，可以通过该指针变量加减 i 来访问其他数组元素(i 中存储整数)。

(5) 指针类型作为函数的参数时，作用是传递地址。

(6) 用数组名或指向此数组的指针变量做实参，可以调用使用数组名或指针变量做形参的函数，从而在该函数中利用实参数组的值进行计算。

(7) 函数名代表函数的入口地址，函数的入口地址称为函数的指针，可以利用指向函数的指针变量来调用函数。

(8) 调用返回指针值的函数，得到的函数值是指针，即地址。

3. 实验内容(以下编程都要用指针处理)

(1) 仔细阅读并输入以下程序，回答下面的问题。

```
#include "stdio.h"
main()
{int i,j,*p,b[6];
  static int a[6]={83,92,51,49,78,56};
  p=a;j=0;
  for (i=0;i<6;i++)
     if (*(p+i)<60) {b[j]=*(p+i); j++;}
```

```
    p=a;
    for (i=0;i<6;i++)
        printf("%d   ",*p++);
    printf("\n");
    p=b;
    for (i=0;i<j;i++,p++)
        printf("%d   ",*p);
}
```

① 分析指针变量 p 在各语句中的作用，程序结束后 b 数组元素取什么值？上机测试并比较。

② 能否把“p=a;”改写成“*p=a;”或“p=a[0];”？

③ *(p+i)能否写成 p[i]？

④“printf("%d   ",*p++);”分成两句完成的话应如何修改？

(2) 仔细阅读并输入以下程序，回答下面的问题。

```
#include "stdio.h"
calcusum(int *p, int n)
{int s=0,k;
 for (k=0;k<n;k++,p++)    s=s+*p;
 return(s);
}

main()
{int i,a[10],*b;
 for (i=0;i<10;i++)    scanf("%d",&a[i]);
 for (i=0;i<10;i++)    printf("%d   ",a[i]);
 printf("\n");
 b=a;
 printf("%d\n",calcusum(b,10));
}
```

① 将 main 函数中的实参 b 改用数组名 a (形参不变)，结果是否一致？

② 将 calcusum 函数中的形参 p 改为数组名(实参不变)，结果是否一致？

③ 为什么要在 calcusum 函数中设置参数 n，而不直接使用数组长度 10？

④ 如果要通过指向函数的指针变量引用 calcusum 函数，则该如何修改 main 函数？

⑤ 如果把 calcusum 函数修改为返回指针值的函数，保持功能不变，如何修改程序？

⑥ 上机调试，测试所写答案是否正确。

(3) 用指针的方法实现字符串循环左移，左移的具体方法参考实验七中“实验内容”部分的第(3)题。

4. 思考题

(1) 指针变量与非指针变量的值有什么不同？

(2) p1 是指向整型数组的指针变量，p2 是指向实型数组的指针变量，k 是整型变量，p1+k 与 p2+k 有何区别？

(3) 字符数组 ch 的 5 个元素的值分别是'A'、'B'、'C'、'D'、'E'，将 ch 的首地址赋给指针变量 p，*p 和*(p+4)的值分别是什么？*(p+5)的值又是什么呢？

(4) 指针变量作函数参数与非指针变量作函数参数有什么区别？

(5) 若在主调函数中实参是指针变量，在被调函数中形参也是指针变量，当形参的值被改变时，实参的值也相应地自动被改变吗？

(6) 当用指针变量或数组名做函数参数时，数据传递是否变成了双向传递方式？

(7) 返回指针值的函数的形参一定是指针变量吗？

实验十　结构体与共用体

1. 实验目的

(1) 掌握结构体类型变量的定义方法。

(2) 掌握结构体类型变量的使用方法。

(3) 理解链表的概念，初步学会对链表进行操作。

(4) 掌握共用体的概念和使用方法。

(5) 掌握枚举类型的概念和使用方法。

2. 内容提要

(1) 结构体和共用体类型的变量都必须先定义后使用。

(2) 结构体和共用体是两种构造类型，是用户定义新数据类型的重要手段。结构体和共用体有很多相似之处，它们都由成员组成。成员可以具有不同的数据类型，且成员的表示方法相同，都可以用 3 种方式做变量声明。

(3) 在结构体中，各成员都占有自己的内存空间，它们是同时存在的。一个结构体类型变量的总长度等于所有成员的长度之和。在共用体中，所有成员不能同时占用它的内存空间，它们不能同时存在。共用体变量的长度等于最长的成员的长度。

(4) “.”是成员运算符，可以用它来表示成员项，还可用->运算符来表示。

(5) 结构体变量可以作为函数参数，函数也可以返回指向结构体的指针变量，而共用体变量不能作为函数参数，函数也不能返回指向共用体的指针变量，但可以使用指向共用体变量的指针，也可以使用共用体数组。

(6) 结构体和共用体定义允许嵌套，结构体中可以用共用体作为成员，共用体中可以用结构体作为成员，形成结构体和共用体的嵌套。

(7) 链表是一种重要的数据结构，它便于实现动态的存储分配。本书介绍的是单向链表，还可组成双向链表，循环链表等。

(8) 枚举变量只能获取枚举元素表中的值。枚举元素的值按定义时的顺序分别是 0、1、2、……，也可以在定义时给定枚举元素的值。

3. 实验内容

(1) 以下程序用于描述一个职工的信息，一名职工的信息包括姓名、出生年月、奖惩、基本工资。仔细阅读并输入程序，回答下面的问题。

```
#include "stdio.h"
struct    Date
```

```
{int year;   int month;
};      /*问题 A*/
struct Person
{ char      name[20];
  struct  Date    birth;
  char      award[20];
  float     money;
  float     salary;
}p={"李建国",{1978,10},"劳动奖章",1800, 0};
main()
{    float num;
     printf("%s:%s\n",p.name,p.award);
     printf("基本工资:%f\n",p.money);
     printf("请输入奖金金额:");
     scanf("%f",&num);
     p.salary= p.money+num;
     printf("%s  出生年份  %d \n",p.name , p.birth.year);
     printf("应领%f 元\n",p.salary);
}
```

① 删去“问题 A”所在行中的";"号，观察现象。

② 修改程序，将结构体变量的定义放在 main()函数内。

③ 修改程序输出 3 名职工的姓名、工龄、奖惩、领取金额等信息。

④ 能否把 Data 的定义放入 Person 定义的里面？

(2) 以下程序中函数 fun 的功能是：构成一个带头节点的单向链表，在节点的数据域中存放一个整型数。函数 disp 的功能是显示输出该单链表中所有节点的数。请填空完成函数 disp。

```
#include   <stdio.h>
struct   node
   { int   sub;
    struct   node   *next;
   };
struct   node   *fun( )
{ char k;
   struct   node   *head, *new, *p;
   head= (struct   node *)malloc(sizeof(struct   node));      /*生成第一个节点*/
   scanf("%d", &head->sub);                          /*输入第一个节点成员的值*/
   head->next =NULL;      p=head;
   printf("continue create next node? (if input (Y) then continue):");
   getchar();
   k=getchar();   /*输入 k 的值为 Y 继续创建新节点，否则结束创建*/
   while(k=='Y')
      { new=( struct node *) malloc(sizeof (struct node )); /*生成新节点*/
        if (new!=NULL)
          { scanf("%d",&new->sub);        /*输入节点成员的值*/
             new->next=NULL;
             p->next=new;       p=new;
          }
        else   {printf("cannot create new node\n"); exit(0);    }
```

```
        printf("continue create next node? (if input (Y) then continue):");
        getchar();
        k=getchar();
      }
    return (head);
  }
  void  disp(struct  node  *h)
    { struct  node  *p;
     p=h;
     while (____________)
       {printf("%d\n",p->sub);p=____________; }
    }
  main()
    { struct  node  *hd;
     hd=fun();  disp(hd);  printf("\n");
    }
```

① 请填充完整带下画线的地方。

② 头节点的作用是什么？在带头节点的情况下，真正的数据应该在什么位置？

③ fun 函数创建的单链表新节点是插入在尾部，若插入在头部该怎样修改？

④ 注意字符的输入，为什么要用两次 getchar()函数？

(3) 有 5 个学生，每个学生的数据包括学号、姓名、3 门功课的成绩，从键盘输入 5 个学生的数据，要求打印出每个学生的平均成绩，以及最高分的学生的数据(包括学号、姓名、3 门功课的成绩、平均分数)。

实验要求：用一个函数输入 5 个学生的数据；用一个函数求每个学生的平均成绩；用一个函数找出最高分的学生数据；平均成绩和最高分的学生数据都在主函数中输出。

(4) 10 个人围成一圈，从第一个人开始顺序报号 1、2、3。凡报到 3 者退出圈子，找出最后留在圈子中的人原来的序号。用单链表实现，把 10 个人用 10 个节点表示，退出圈了即从链表中删除。

4. 思考题

(1) 结构体类型变量的作用范围如何确定？

(2) 结构体变量做函数参数与指向结构体变量的指针做函数参数有何区别？选择何种方式较好？

(3) 在单链表创建操作中，一般选择插入在表头位置较方便，此时输入的数据与建立的链表中数据的顺序正好相反，如何解决此问题？

实验十一　文　　件

1. 实验目的

(1) 掌握文件、缓冲文件、文件指针的概念。

(2) 熟练掌握缓冲文件系统打开、关闭、读写等函数的使用方法。

(3) 掌握对文件进行简单操作的方法。

2. 内容提要

(1) C 语言的缓冲文件系统可以定义文件型指针变量，一般格式如下。

```
FILE  * 指针变量;
```

通过指针变量能够找到与其相关的文件。

(2) C 语言文件在读/写之前用 fopen 函数打开，读/写之后要用 fclose 函数关闭。fopen 函数和 fclose 函数使用方式如下。

```
FILE      *fp;
fp=fopen(文件名, 使用文件方式);
fclose(fp) ;
```

使用 fopen 函数时注意文件名和使用文件方式都要放在双引号内，文件名前面的路径用双斜杠。

(3) 文件读/写函数和定位函数。

- 函数 fputc()、fgetc()：把一个字符写入文件和从文件读出一个字符。
- 函数 fread()、fwrite()：读/写一个数据块。
- 函数 fscanf()、fprintf()：格式化读/写磁盘文件。
- 函数 rewind()：使位置指针重新返回文件开头。
- 函数 fseek()：可以改变文件的位置指针，其作用是将位置指针按需要移到任意位置。

(4) 检测函数。

- 函数 feof()：检测文件位置指针是否到达文件尾。
- 函数 ftell()：检测文件位置指针的当前位置，返回值是从文件首到位置指针的当前位置的总的字节数。
- 函数 ferror()：检测读/写时是否出错。
- 函数 clearerr()：将错误标志和文件结束标志设置为 0。

3. 实验内容

(1) 文本文件的输出。仔细阅读以下程序并上机输入程序，回答下面的问题。

```
#include "stdio.h"
main()
{   FILE *fp;
    char ch;
    if((fp=____________)==NULL)
      {   printf("cannot open source file.\n");
          exit(1);
      }

    while(!feof(fp))
      {   ch=fgetc(fp);
          putchar(ch);
      }
    fclose(fp);
}
```

① 运行本程序前已经建立了文本文件 string.txt。

② 填充完整程序。

③ 运行程序，查看并分析程序的运行结果。

④ 删除 string.txt 文本文件后，运行程序，查看并分析程序的运行结果。

⑤ feof()函数的作用是什么？

⑥ 若想从文本的某个指定位置读起，该使用什么函数？

(2) 作为一家五金商店的经理，为了查看有什么工具、数量有多少以及每件工具的价格如何，需要编制一个商品目录。编写一个程序，把文件 hardware.dat 初始化为 100 条记录，输入每件工具的有关数据，能列出所有工具的清单，删除某个工具不存在的记录，以及更新文件中的任何信息。用工具标识号作为记录号，在文件中使用如表 2-11-1 所示的信息。

表 2-11-1　文件中所使用的信息

记录号	工具名	数　量	价　格
3	电焊	7	102.00
17	锤子	76	18.00
24	电钻	20	235.00
39	电压表	38	12.00
45	电源插座	23	10.00
56	电缆	500	2.00

(3) 学生成绩管理(综合设计性实验)。

本题的目的是：综合本书配套教材的基本知识，对所学内容和算法进行复习，进一步提高程序设计能力。

编写一个 C 程序，对一个班(不多于 50 人)的学生成绩进行管理，其中，每个学生的数据包括学号、姓名、3 门功课的成绩(英语、数学、计算机)、平均成绩和总成绩。主菜单如下。

① 添加数据。

② 数据输出。

③ 数据查找(按学号)。

④ 数据删除。

⑤ 退出。

其中，各个选项的功能如下。

① 添加数据：按一定格式输入若干名学生的数据，追加到 stu.txt 文件中。

② 数据输出：从 stu.txt 文件中读取数据，用比较美观的格式输出所有学生的数据。如果没有数据，则输出提示信息。

```
例如:        学号    姓名    英语    数学    计算机  平均成绩
            ===============================================
            ……      ……      ……      ……      ……      ……
            ===============================================
```

③ 数据查找：查找指定学号的学生数据，并按照一定的格式输出查找结果。

④ 数据删除：删除指定学号的学生数据。

⑤ 退出：退出整个程序的运行(注意：1~4 项功能运行后，程序仍返回主界面，可接着选择其他功能继续执行，只有选择了选项 5 才真正退出程序的运行)。

4. 思考题

(1) 如何以读/写的方式打开“c:\tc\sample”目录下的 text.txt 文件？如何以读/写的方式打开二进制文件？

(2) 读/写文本文件与读/写二进制文件有何区别？

(3) 对于使用某一种格式写入文件的数据，读出这些数据时，格式可以随便选吗？

(4) 如何利用存储在文件中的学生信息实现查找操作？

(5) 什么情况下可以使用下列函数中的一个？

fputc()、fgetc()、fread()、fwrite()、fprintf()、fscanf()